U0549942

天下文化
BELIEVE IN READING

中鼎能變學

余俊彥與團隊贏得信賴的故事

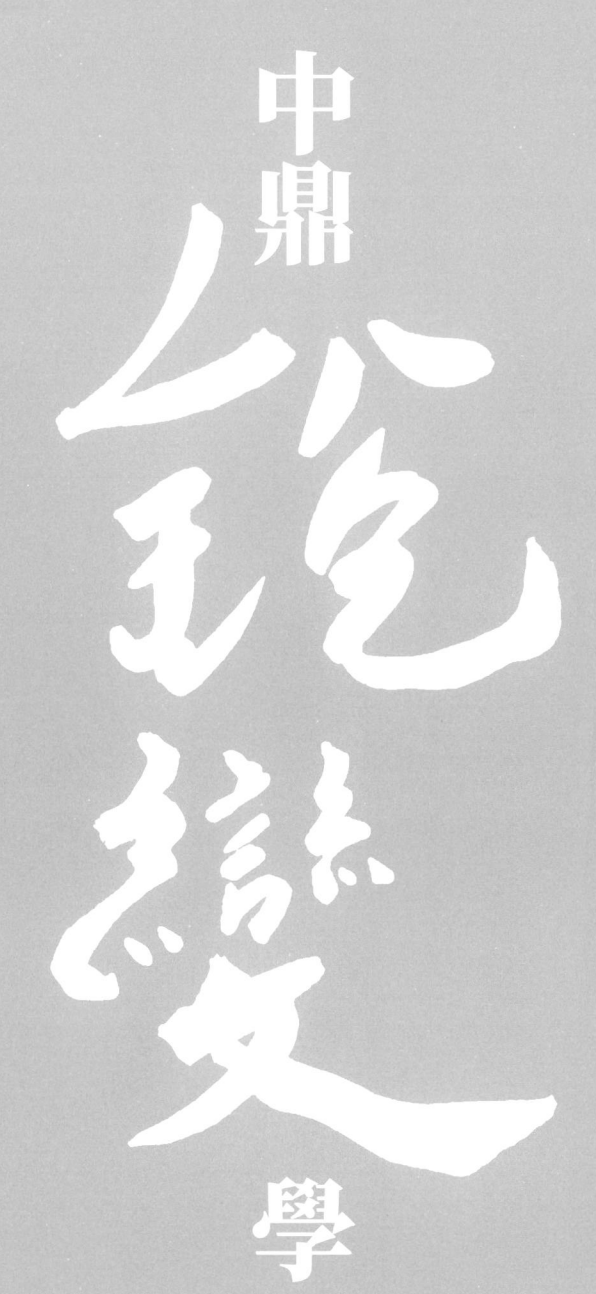

傅瑋瓊——著

目　錄　Contents

然氣接收站，成功協助台灣的能源轉型；以及早年率先投入垃圾處理領域、建置現代化焚化爐的貢獻。這些都是對國家社會有益的建設，也展現出中鼎掌握時代趨勢的發展軌跡。

看見中鼎的成就，我與有榮焉，更欽佩余俊彥總裁的格局和遠見。回顧我和余總裁的淵源，可以追溯到2000年，當時我剛從行政院退下來，因緣際會受到時任中技社董事長、也是我在國貿局老長官劉維德的延攬，加入中技社，而余總裁便是在那時留給我相當深刻的印象。

余總裁做事總是有條不紊，每次接到劉董事長指派給他的任務，總是會做許多筆記，然後使命必達。

因此，2000年年初，中技社考慮誰來負責中鼎時，劉董事長諮詢了許多人的意見，我也是其中之一，而我當時第一個想到的就是余總裁。

事實上，看著中鼎不斷銳變成長，我認為余總裁居功厥偉，因為他具有宏觀的國際視野，以及善用人才、培養人才的能力，從剛開始進軍沙烏地阿拉伯，到後來的東南亞、美國等地，在與國際大廠合作的過程中借力使力，效法他人的強項並加以內化，累積成為中鼎不斷自我超越的最佳動能。

所謂風行草偃，在余總裁的帶領下，中鼎同仁都有一股不服輸的精神，再加上集團重視誠信的企業文化，對於工程品質毫不讓步，自然能夠屢創佳績。

中鼎的成長故事，在我看來，是一個企業掌握時代脈動，成功打造品牌與技術實力的最佳例證。從早年台灣經濟起飛的煉油石化領域，到今日面對數位轉型與低碳綠能乃至ESG的時代需求，中鼎總能與時俱進，以優異的工程品質贏得全球業主信賴。

從小公司到如今已「轉大人」並持續成長茁壯的跨國集團，我期待中鼎要有大人的氣派、胸襟和眼光，不斷超越自我，讓世界看見台灣的工程實力。

序

把握成功方程式，持續前行

潘文炎．中技社董事長

1959年，在李國鼎先生、金開英先生的高瞻遠矚下，邀請中油、台泥等二十三家公民營企業捐款共45萬元，成立財團法人中技社，引進國外之工程技術、培養人才。可以說，中技社與台灣經濟同步成長，其後更在王國琦等先生的努力下，於1979年將中技社營業部門分出去成立中鼎公司。

我與中鼎集團余俊彥總裁相識，是我在中油擔任副總經理時，至今已逾三十年。

1997年，由中油主導、中鼎承包建造的汽油添加劑廠在卡達舉行開工典禮，時任協理的余總裁代表中鼎出席；後來，中鼎第二總部大樓舉行開工動土典禮，則是由我受邀致詞，雙方互動頻繁。

中油與中鼎之發展，同樣是由專業經理人的努力達成，一點一滴引進技術，逐漸茁壯成長。

中鼎能夠成功銳變，我認為有幾大關鍵因素：首先，從財團法人轉換為公司組織，才能追求營利；其次，跨足非石化領域，從原本的煉油、石化工程，拓展到電力、鋼鐵、交通、環境工程、高科技等領域；然後是進軍國際，業務已拓展至中東、印度、中國大陸、東南亞和美國等地區；同時建立大型專案統包工程的能力，形成一般工程公司難以切入的門檻，當然最主要是要有廉潔能幹的領導人，這一點王國琦先生、余俊彥先生功不可沒。

我所了解的余總裁不僅是專業經理人，做事更是嚴謹、誠信。這一點，從他打球時的態度就能看出來；幾乎每個星期，他都會去打高爾夫球，而且都會做筆記，打了多少桿就是多少桿，也不會隨意亂動球。他也會藉打球的機會維持客戶關係，或是從球友之間的談話獲得啟發，做為企業經營的參考，進而能夠有效率地管理公司複雜的事務與風險。

中鼎真正有規模地走向國際化，也是從余總裁擔任總經理開始，秉持工程報國的職志，如今的中鼎不但以工程足跡讓世界看見中鼎「最值得信賴」的品牌，也看見我們的國家。

《中鼎銳變學》就像是余總裁和中鼎的成長日記，遇到什麼困難、之後如何解決、在不同地方如何做好在地管理……，都在書中留下清楚的紀錄，他們緩步擴張，謹慎管控風險的做法，值得讀者仔細品味。中鼎已經找到自己的成功方程式，希望他們可以繼續維持，持續拓展、成長。

序

堅持正確信念的銳變

簡又新・中華民國無任所大使

台灣永續能源研究基金會董事長

2015年，中鼎成立教育基金會，2017年，在余俊彥總裁的盛情邀請下，我出任中鼎教育基金會董事長至今。

其實，往前推到2008年，台灣永續能源研究基金會（TAISE）開辦第1屆「台灣企業永續報告獎」，中鼎參賽並且獲得優勝，我就開始留意到這家企業的表現，並且對這家企業一路努力成長，留下深刻的印象。這些年來在深入觀察並與集團成員互動下，對這家企業的獨特文化、創新思維及精益求精的企業精神，又更加深刻與崇敬。

由財團法人中技社轉投資成立的中鼎，經歷多次挑戰與轉型，逐步茁壯成長，如今不只是台灣的工程龍頭，更一躍登上國際舞台，成為全球百大的統包工程集團。外人看似為傳奇，然而在我看來，中鼎的成功正是今日企業追求ESG的最佳典範案例。

穩扎基本功、勇於承擔責任的文化，加上關懷員工、鼓勵創新、著重人才養成，同時心繫與環境共榮的組織基因，證明當一家企業切實正視且以具體行動實踐永續發展，不僅能帶來自身蛻變和成長，更能成為改變產業的領頭羊。

透過《中鼎銳變學》，我們可以看到中鼎無論在組織結構的調整、經營策略的多樣化，還是在不斷追求卓越的過程中，均顯示出深刻的企業哲學：始終不放過任何一個能夠提升效率與增強競爭力的機會。

這樣的哲學，不僅在公司內部逐步深化，還在每一位員工、每一支團隊、每一個管理層的行動中得以體現，正是這種深具遠見的「銳變學」，成為中鼎集團突破難關、持續領先的關鍵。

1979年創立至今四十五年，今天的中鼎集團在全球創造八千多個工作機會，在國際工程領域中樹立了台灣企業的旗幟，讓世界看見台灣企業的競爭力與創新潛力。中鼎集團的成功經驗，給予台灣企業寶貴的啟示：在不斷變化的市場中，唯有透過銳意創新、積極轉型，才能夠在國際舞台上立於不敗之地。

中鼎之所以能有今天的成就，是歷來中鼎人共同努力累積的成果，而當今集團余俊彥總裁，絕對是功不可沒的重要推手。

余總裁出身專業基層，卻勇於跨域學習，累積了極為敏銳的市場觸覺，還能夠在複雜多變的國際市場中，帶領企業做出果斷的決策；更令我尊敬的是，總裁本人極為謙和又願意分享、提攜後進。

完善的人才培育制度，加上優良文化累積的光榮感，相信在可預見的未來，即使面對更多挑戰，中鼎仍將持續屹立不搖。

回顧中鼎一路走來的發展歷程，面對不斷變遷的時代挑戰，無論是在台灣經濟起飛時期投身基礎建設，抑或因應淨零碳排趨勢的努力，中鼎始終與時俱進，憑藉精湛的技術與卓越的專案管理能力，有效應對、銳變。

如今，站在全球永續發展的關鍵轉折點，祝盼中鼎秉持正確的信念與遠見，持續實現企業成長、勇於開拓新局，締造更多創新傳奇，為台灣和全球的永續未來注入更多貢獻與可能。

楔子

推動世界前進的力量

在美國德州墨西哥灣畔，一座號稱「地表最大的模組化工程」、全球最大的乙二醇[1]廠，2021年年中完工交付業主[2]，為全球工程界締造整廠模組化的里程碑。

這是GCGV[3]投資數十億美元的專案，隱身在幕後的功臣是一支跨國團隊，由來自台灣的中鼎集團擔任主承包商，與美國的McDermott（麥克德莫特）[4]組成CMI[5]聯合承攬團隊。前者擁有陸上煉油石化統包建廠的豐富經驗，後者具備海上鑽油平台的模組化技術。

策略聯盟助攻，承攬規模創新高

不同於傳統工程案，這個工程採用模組化設計，設計暨採購中心設置在台北，是橫向協調的樞紐；主要製程模組，交給中國大陸青島與墨西哥Tampico的模組廠預製；美國工地現場，僅進行基樁、基礎及部分無法模組化的工作。

總重量近四萬公噸的設備模組，被拆分成五座巨大模組，裝上兩艘重件運輸船，從青島兵分兩路，一艘經太平洋穿過巴拿馬運河，另一艘因模組規模太大無法通過巴拿馬運河，於是繞道遠航至南非好望角，橫越大西洋，歷經兩個月海上風浪的洗禮，順利運抵美國墨西哥灣畔Corpus Christi工地。

整個專案執行，橫跨台灣、美國、中國大陸、墨西哥、印度和馬來西亞等六地，模組化作業方式使現場作業與人力配置達到最小化，工地總工時只有250萬，遠低於傳統工法整廠於現場安裝、建造所需的1,300萬工時，從得標到完工僅歷時三年。

場景一轉，回到太平洋的另一端，位於台灣的集團總部，中鼎的表現依舊精采。

在台灣能源轉型的過程中，政府預計在2025年將燃氣發電占比達到50%，相關電廠興建與擴張計畫如火如荼地開展。此時，擅長「綠色工程」的中鼎自然不能缺席。

通霄複循環電廠就是其中一個例子。在這個舊廠更新擴建案中，中鼎以「低耗能」做為電廠設計核心，材料採購優先選擇與在地供應商合作。透過應用綠色技術，不僅讓通霄複循環電廠的發電效率提升至60.7%，躍居全台第一，每度電產生的二氧化碳排放也較舊機組減少32%。

此外，中鼎與美商奇異合作，承攬台電「興達電廠及台中電廠燃氣複循環發電機組統包工程」則是另一個例子。整個工程的合約金額高達新台幣千億元，刷新集團新高紀錄。

更重要的是，案中電廠除了穩定台灣電力供應，並以天然氣的潔淨低碳環保優勢，減少發電產生的碳排放，兼顧經濟與環境發展平衡，成為協助政府逐步達成能源多元化目標的最佳助力之一。

中鼎以全世界為競技場，近十年來，在強強聯手的策略下，不僅新簽合約金額屢破紀錄，2023年集團合併營收更跨越新台幣千億元門檻，在建工程金額高達新台幣三千餘億元，雙雙創下歷史新高。

與時俱進的工程領航者

中鼎於1979年成立，從一家股本1億元的本土公司，不斷擴充自身實力、延伸業務範圍，更踏上國際舞台，從外商的協力廠商做起，逐步建立承攬大型統包（EPC）[6]工程的能力，蛻變成台灣最大的國際級統包工程公司。

所謂統包，是從設計、採購到建造，提供一條龍式的工程服務。隨著智慧化時代來臨，中鼎運用創新思維輔以高科技，更進一步打造自動化及智慧化的iEPC工程服務。

中鼎從煉油石化領域起家，台灣業主包括中油、台塑、台聚等石化上下游業者，再往橫向發展完成多元化轉型，成功跨足環境、電力、液化天然氣、交通、一般工業等非石化領域。

一路走來，中鼎積極參與國內外各項指標工程，可說是扎扎實實在台灣練兵再走向國際的經典實例；中鼎人引領時代潮流並結合創新科技，不僅是社會、經濟發展的見證者，更是隱身在國際大型工程幕後的重要推手，是奠定世界前進的穩定力量。

進軍高科技業，合約金額創美國紀錄

根據美國權威工程雜誌*ENR*（*Engineering News-Record*）的「國際工程承包商」排名，2023年中鼎已晉升到第五十五名，是台灣唯一能與歐、美、日、韓等國世界級工程公司並駕齊驅的工程集團。

事實上，中鼎不僅在煉油、石化、環境、電力、液化天然氣、交通、一般工業等領域居於領導地位，更憑藉數十年累積的技術與經驗，進軍高科技領域。

2020年中鼎集團總裁余俊彥觀察到，《天下》雜誌「台灣2000大企業調查」中，排名台灣前五十大的企業幾乎都是高科技業。勢之所趨，中鼎不能置身於外。

當年，中鼎即成立高科技設施工程事業部，宣示進軍高科技領域。隔年3月，成立美國亞利桑那辦公室；7月，即取得美國亞利桑那州半導體廠房統包工程。

備受全球矚目的亞利桑那州專案，合約金額刷新當時中鼎在美國工程市場的紀錄，奠定中鼎集團進軍高科技領域工程的重要里程碑。

如今，在高科技事業的實績表現，不論是簽約額或營業額，都占集團總額20%以上。在2023年度*ENR*的「製造業工程統包商[7]」排名第九，第一年入榜就躋身全球前十大之列。

高科技事業成為中鼎業務中占比極大的一部分，讓營運基礎形成更穩固的支點。

打造先進綠色工程

在競爭的環境中，中鼎仍十分重視社會發展與企業責任。

當生態問題急遽惡化，從全球、企業到個人，在追求經濟持續成長之外，也開始重視資源永續與環境保護，聯合國2004年發布的報告中，更強調企業應重視環境保護（environmental）、社會責任（social）和公司治理（governance），ESG一詞成為顯學。

而中鼎，更是讓自己的核心本業從ESG出發，打造最先進的綠色工程，把永續發展轉化為競爭力。

就在2017年，中鼎賦予子公司崑鼎全新品牌「ECOVE」，致力將耕耘資源循環產業二十餘年的崑鼎打造為永續資源循環領導者，同時結合中鼎集團「CTCI」國際企業品牌，以雙品牌策略將資源循環理念推向國際。

確實，舉凡捷運交通、水資源、廢棄物處理、燃氣發電、太陽能光電……，在這些與人們日常息息相關的項目中，都可以看見中鼎是實現綠色生活的隱形推手。

在國內，中鼎協助建立台灣經濟成長的穩定根基；越過海洋，中鼎協助全球企業打造世界工廠，以「台灣第一、全球百大」的實力，在台灣和世界之間、在經濟發展和環境守護之間，搭起永續的橋梁。

果然，以工程本業投入永續發展，讓中鼎連續九年成為全國工程產業唯一入選「道瓊永續指數」（DJSI）[8]新興市場成分股的企業；更是全球工程業唯一，獲得國際永續評比機構標準普爾全球（S&P Global）[9]2024年「永續年鑑」（The Sustainability Yearbook）全球前1%的最高榮譽。而中鼎最高領導者余俊彥帶領中鼎創新並華麗轉型，則連續五屆入選《哈佛商業評論》全球繁體中文版「台灣企業領袖100強」。

獲獎時，余俊彥總是把榮耀歸功於團隊的努力，自謙地說：「我是站在中鼎這個巨人的肩膀上領獎。」他堅信，企業必須靠團隊合作才能逐步攀登頂峰。

培養站上頂峰的力量

余俊彥經常推崇並感念中鼎的開路先鋒，例如創辦人／首任董事長暨總經理王國琦、第二任總經理童亞牧、第三任總經理林日東、工程設計主管李根馨，以及面試他進入電機設計部的部門主管斯蓓等人。在這些戰將帶領下，奠定扎實穩固的基礎，才成就了今日的中鼎；然而不可諱言，他是把中鼎打造成巨人的關鍵人物。

余俊彥1973年進入中鼎的前身財團法人中技社，投身工程界逾五十年，從電機設計工程師做起，然後外派採購、轉調業務，又被委以重任，晉升總經理，2001年升任董事長，2016年榮任中鼎集團總裁至今。

半世紀以來，余俊彥帶著團隊開創市場、躍上世界舞台，在全球超過十個國家設立五十多個業務據點，從營收百億元的公司，成長躍升到千億元規模的集團。

對內，他打破升遷金字塔瓶頸，推動「上校團長制」；透過多元管道育才，設立中鼎大學，讓員工透過線上學習，進行全方位的職涯培訓；並打造接班梯隊，為集團傳承鋪路。

如今，中鼎海內外員工達八千多人，來自十多個國家，在不斷的歷練中建立獨特的組織DNA，成為帶領中鼎飛躍成長、站上頂峰的堅實力量。

注釋

1. 合成的液態物質，廣泛應用在紡織、包裝、食品和飲料、汽車和運輸、化妝品等產業。
2. 此處指機械完工，國際認可並廣泛使用的工程完工報檢機制，代表建造階段完成。
3. Gulf Coast Growth Venture，由美國Exxon Mobil（埃克森美孚）及SABIC（沙烏地基礎工業公司）兩家石油公司合資。
4. 為能源產業提供工程和建築解決方案的全球供應商。
5. CTCI McDermott Integrated。
6. 指設計（engineering）、採購（procurement），以及建造（construction）。
7. 此排名包含半導體建廠工程領域。
8. Dow Jones Sustainability Indices，全球第一個永續發展指數，由美國道瓊工業指數中延伸出的永續指數。
9. 提供評級服務、市場情報和數據分析的美國財經資訊公司。

1

贏得信賴的工程領航者

中鼎從一家本土公司開始扎根，不斷創新增強實力，
不僅在煉油、石化、液化天然氣等領域位居領導地位，
更跨足一般工業、交通、環境工程、高科技等領域，
成爲許多國際業主指定的合作夥伴。

第一章

面向時代的使命

七〇年代的台灣，經濟逐步起飛，政府祭出擴大公共建設政策方案，推動一系列國家級基礎建設工程。

1973年，時任行政院院長蔣經國宣布「十大建設計畫」，其中包括中山高速公路、鐵路電氣化、北迴鐵路、中正國際機場、台中港、蘇澳港、大造船廠（中國造船廠）、大煉鋼廠（中國鋼鐵廠）、石油化學工業、核能發電廠等十大劃時代的公共建設。

當時，一句「今日不做，明日就會後悔」的口號，成為經濟起飛的起點，為台灣經濟、工業升級奠定了厚實基礎。

工業萌芽，亟需年輕新血

早年台灣工業正在萌芽，卻苦無足夠的工程技術，只能仰賴外國技術和人才，當時財團法人中技社積極配合政府推動各項建設，並引進國外工程技術在國內生根，培育許多優秀人才，為業界注入一股新血。

中鼎集團總裁余俊彥，就是那個年代的眾多青年之一。

「來來來，來台大；去去去，去美國」，這是七〇年代許多台灣人耳熟能詳的語句。經歷過戰後的百廢待舉，希望為動盪不安的未來尋找出路，出國留學，尤其是留美，成為大多數人的夢想。

「像聯發科技董事長蔡明介、Garmin創辦人高民環，都是台大的同學，」余俊彥說，早年台大電機系系友大都出國，且多數朝半導體、電子、通訊、軟體等行業發展。

然而家中食指浩繁，余俊彥底下還有三個弟妹，為了減輕父母的經濟負擔，「上大學時我就開始當家教，最多還兼三個家教，」眼看著同學一個個出國深造，但他明白家裡無法奧援，從未想過留學這條路。

1973年，他在預官退伍後考取中技社。那是他出社會的第一份工作。

「退伍時，有位應徵中技社的同袍興沖沖跟我說，月薪4,500元之外，還有400元車馬費，」那時期，台灣工業開始萌芽，外商紛紛來台投資設廠，余俊彥回憶當年說：「比飛利浦、摩托羅拉、奇異等外商公司提供的薪水還高。」

他不諱言：「當初為了收入考量到中技社上班，但做的還是電機專業相關工作，沒有脫離我的本科。」

中技社成立於1959年，由台泥、東鹼等二十三家公民營機構，合計捐助45萬元基金，是台灣首家民營綜合工程顧問服務社，以煉油石化工程為主要業務；後來，中技社轉投資成立中鼎，余俊彥就在那裡見證

認同公司文化，有著使命必達精神的余俊彥，屢屢被長官相中不斷調任，打開從專才走向通才的契機。

了中鼎誕生、成長的歷史脈絡，也留下他日後帶領中鼎集團從台灣走向國際的成長印記。

走進現場，看見學用落差

六〇年代末期、七〇年代初期，中技社開始大舉徵聘人才，余俊彥搭上徵才列車，「我的『學號』是325號，」余俊彥清楚記得自己入職時的員工編號，職銜是電機設計工程師。

「當初面試我的，是比我高十三屆的台大電機系學長斯蓓先生，他是電機設計部部門主管，」早年到中技社服務的台大人才少之又少，余俊彥很快被錄取為電機設計工程師。

設計工程師的生涯持續了三年。這個時期，正值中鋼興建十大建設重要項目之一的「大煉鋼廠」，但是缺少監造人員，於是向中技社借調電機、機械等專業人力協助建造工作——余俊彥也是其中之一，在1976年被派到中鋼擔任建造監造工程師。

「那時我參與監造鋼板廠，中鋼的工地主管是歐朝華，比我大一歲。他是台大電機碩士，後來當上中鋼總經理，」近五十年前的過往，他至今仍記憶猶新。

不過，更令余俊彥印象深刻的，是到了工地才猛然發現，學用之間落差居然那麼大。

「過去工作像是閉門造車，只知其然，卻不知其所以然，」他坦言，「以前沒有看過真正的工廠、設備長什麼樣子，到了工地才知道哪些地方設計考慮不周，可能造成工廠操作不方便。」

不過，相對於坐在辦公室的生活，「工地真的很辛苦，天天都要忍耐風吹日曬雨淋，還有塵土滿天飛揚，」余俊彥苦笑著說。

然而儘管過程艱苦，但是當他從設計工程師變身建造監工，短短一年就學到不同的專業，更奠定往後由專才走向通才的契機。

為余俊彥打開走向通才之門的，是當時擔任業務、採購部門主管的林秋景。

隨著中技社工程實力增強，業務開始向海外擴張，林秋景亟需擴增部門人力，於是徵調余俊彥到採購部擔任採購代表。

從設計到建造，再到採購，工作性質跨度相當大，這個年輕人為什麼屢屢被長官相中？「那時很缺人，老闆派我去哪，我就去啊！」余俊彥謙虛地說，他只是認同公司文化，本著使命必達的精神配合調任。

加強外語能力，蔚爲風氣

不過，身為主管，為何看中余俊彥？林秋景曾對同仁提到，他相當賞識余俊彥的聰明、誠信及認真，但還有一個重要關鍵，是余俊彥相對出色的英文能力。

出生於日據時期台灣中部望族的林秋景，接受的是日本教育，精通日文。而中技社在1977年左右，接下印尼Cilacap煉油廠的脫鹽系統小型統包工程，需要英文流利的採購人員，於是指派余俊彥到新加坡負責採購工作。

當時採購部門的工作範圍，包括：下單、催貨、驗收、運輸、報關等，余俊彥第一次出國到新加坡，幾乎都在工作，「每天出去接洽，把所有採購好運到當地倉庫的設備、材料，領出來、點收並集中在一個平底載貨船[1]上，海運到印尼。」

在新加坡待了一個半月，任務結束後隨即返國，初試啼聲且順利完成任務的他深獲林秋景讚賞，於是又被賦予重任，到美國擔任業務代表，負責大德昌（國喬石化前身）苯乙烯（SM）廠海外採購工作。

令人好奇的是，余俊彥未曾出國念書，英文能力如何養成？

他坦承，用的是最笨的方法——背字典。

投身工程界超過五十年，余俊彥從基層工程師一路做到總經理、董事長、集團總裁，帶領中鼎征戰國際，成爲全球百大工程公司。

「簡單的英文字典裡大概有四萬多個單字，我會一萬個字絕對夠用，」余俊彥強調，「想學好英文首要就是單字量，然後就是造句，再來就是文法，文法搞通了就全通了。」

下功夫苦背單字，打下扎實的英文基礎，勤學苦讀並考上台灣第一學府，都成為職涯加分的有利條件。而有了這樣的經驗，余俊彥在升任中鼎集團總裁時便十分重視同仁的外語能力培養，也在集團內形成一股風氣。

中鼎工程誕生，躍上國際敲門磚

1969年到1979年，中技社一方面在國內累積工程設計實力，一方面努力向海外擴展業務，舉凡新加坡SRC[2]的煉油廠、泰國Bangchak[3]煉油廠、沙烏地利雅德煉油廠工程……，都是當時的重要實績。

但要走出去，以當時中技社財團法人的格局和規模，在國際市場上難免處處受到限制，難以發展壯大。

為了突破困境，1979年4月6日，公司型態的中鼎成立，中技社將所有工程業務及大約八百位員工移轉到中鼎，由王國琦擔任首任董事長兼總經理。

因為這個前瞻的決策，中鼎此後才能日益成長，可說是中鼎躍上國際舞台的重要敲門磚。

建立人脈，助益業務拓展

余俊彥擔任駐美採購代表，就在中鼎剛成立時。

中鼎成立前一年，中技社即取得大德昌第二座苯乙烯工廠興建案的統包工作。

「大德昌當年拿到美元貸款，承貸條件之一是必須向美國業者採購設備，」余俊彥解釋，採購事務需要和美國廠商頻繁聯繫，因此必須派專人到美國駐點。

「從新加坡回到台灣上班第一天，我就被派去當駐美採購代表，」當時採購部門裡英文最好的，非余俊彥莫屬，於是他第二度被派出國，遠赴美國紐澤西。

當時大德昌苯乙烯廠採用美國知名的Monsanto

（孟山都）製程技術，而此技術授權予Lummus（魯瑪斯）[4]工程公司使用。當年Lummus一口氣標下中油四輕、中油觸媒裂解（FCC）、中石化丙烯腈（AN）和醋酸（Acetic Acid）廠，以及大德昌苯乙烯等建廠工作，而中鼎是Lummus在台灣的合作夥伴，負責設計、採購及建造工作。

「來自台灣的四個專案人馬，一起在紐澤西Lummus的辦公室工作，也共同租屋而居；為了省錢，鼎盛時期宿舍擠了二十幾個人，大家輪流做飯、打掃，一起上班、一同出遊……」余俊彥彷彿回到三十出頭的年輕歲月，滔滔不絕聊起當年的酸甜苦辣。

不過，大部分的人在三個月任務結束後就回國，余俊彥卻是前後待了快兩年。熱心、喜好交朋友的他，樂於當司機送往迎來；同時他也不放棄任何學習的機會，晚上還到紐澤西理工大學（New Jersey Institute of Technology）進修企業管理碩士，可惜因受限於奉派時間，未能完成碩士學位。

近兩年的外派生活讓他大開眼界，知道如何跟西方人來往，了解文化、生活、工作及商業上的差異，甚至還曾有段意外插曲，「任務即將結束時，Lummus曾開出不錯的條件希望我留下來，但是我認為我的前途在中鼎而婉拒了。」

更重要的是，那時期結交了很多業主朋友，在往後隨著職務變動一路衝刺業務時，當年的友人都成為他的重要支持者。

征戰國際，晉升全球百大

積累豐富的國際煉油石化統包工程經驗成為業界指標，余俊彥細數當年戰績：「中油的二輕到五輕，以及三輕更新、台塑六輕等重大工程，我們都有參與。」

早年，外國工程公司到台灣來承包煉油廠和石化廠，中鼎做協力廠商；在國內練功實力增長後，中鼎開始做統包，力拚走入國際。

余俊彥也跟隨中鼎的腳步，逐漸成長茁壯。1985年，他外派中東擔任中鼎沙烏地公司的業務經理；1987

年，派駐泰國籌設公司，擔任中鼎泰國總經理；外派泰國兩年回國後，晉升中鼎業務部門經理。

從採購到業務一路提攜他成長的林秋景，在1992年自資深協理職務退休，余俊彥便接任協理一職。此後，他一路升上副總經理、總經理到董事長，帶領中鼎征戰國際，成為全球百大工程公司。

五度入選「台灣企業領袖100強」

投身工程界超過五十年，余俊彥從基層工程師一路做到總經理、董事長、集團總裁，帶領龐大的工程部隊迭創新猷，獲獎無數。

2000年，余俊彥贏得工程界最高榮耀——中國工程師學會頒贈的金質「工程獎章」；2009年，獲頒中華民國管理科學學會的「李國鼎管理獎章」；2016年，台灣永續能源研究基金會頒發企業「永續傑出人物獎」。

《哈佛商業評論》全球繁體中文版自2016年起，每兩年舉辦「台灣企業領袖100強」評選，余俊彥已五度蟬聯。

2017年，余俊彥更獲頒中華民國科技管理學會最高榮譽「科技管理獎」個人獎與學會院士、中華民國企業經理協進會「國家傑出執行長獎」等殊榮。

同樣在2017年，他又獲得台灣化學工程學會「終身成就獎」。2020年，再榮獲「全球企業永續獎」頒發的「傑出人物世界獎」。

2023年11月17日，在中國石油學會年會上，余俊彥從中技社董事長潘文炎手中，接下中國石油學會頒發的「金開英獎」，這個獎座代表的是石油業界的最高榮譽與終身成就獎。2024年時，則獲得亞洲企業商會頒發「亞洲企業社會責任獎」。

來自工程、管理、永續等各領域獎項的殊榮，彰顯余俊彥與中鼎在工程界的貢獻及影響力，實至名歸。

注釋

1. 常用於運輸大型與重型貨物，平底和寬大船身方便在淺水區操作。
2. Singapore Refining Company。
3. Bangchak Corporation Public Company Limited，爲泰國石油能源大廠。
4. 成立於1907年，在油氣、煉油、石化等產業擁有相當多製程專利。

第二章

征戰前線，海外試金石

對煉油石化公司而言，全球主要的市場在中東，而中東的指標則在沙烏地阿拉伯。

在這樣一片市場上，世界頂尖的工程公司都爭相搶進，因為有能力攻進沙烏地，再進入其他國家就相對容易。

四十年前，中鼎便以中東做為征戰國際的前哨站，沙烏地是第一個戰場，曾經在此創下輝煌的實績。

二十年前，中鼎重新整裝前進中東，卡達成為重返沙場的灘頭堡，身分則從「協力廠商」變成「主承包商」，在一級戰區再次開疆闢土。

現在，面對「後石油時代」來臨，中東仍是中鼎海外戰區的主力，再次讓中鼎戴上榮耀的桂冠，頻頻寫下國際統包工程的新里程碑。

中東地區蘊藏豐富的石油和天然氣資源，向來是煉油石化工程公司的兵家必爭之地，早在八〇年代即是中鼎海外的重點戰場，創造了第一段輝煌時期。

結盟大廠，跟著日商足跡走向中東

「中鼎是和日本Chiyoda（千代田）以結盟方式，進入中東市場，」集團總裁余俊彥解釋，當時中鼎的實力還不足以擔任大型統包工程的主承包商，只能藉由結盟方式爭取進軍海外的機會。

雙方的合作始於七〇年代。當時正值十大建設期間，石化工業蓬勃發展。在此背景下，Chiyoda與中鼎攜手於台灣完成多個重要專案，其中包括台灣中油重油脫硫（RDS）、中石化己內醯胺（CPL）、台泥化工丙二酚（BPA），以及中美和對苯二甲酸（PTA）等建廠工程。

基於先前的合作基礎，Chiyoda接著策劃與中鼎在海外市場的合作，中鼎也於此時開始建立自己的中東經驗。

早在七〇年代，中鼎與Chiyoda在中東的第一次合作，就是取得Petromin（沙烏地石油公司）的吉達煉油廠統包工程，再取得利雅德煉油廠興建工程。

沙烏地擁有阿拉伯半島80％的土地，是全球最主要的石化產品生產國之一，而Chiyoda與中鼎的合作，如今回顧，可以說是開啟中鼎前進中東的契機。

練功有成，寫下立足中東里程碑

到了八〇年代，中鼎再與Chiyoda攜手，陸續合作承攬SABIC（沙烏地基礎工業公司）的多項石化廠建廠工作，譬如在Jubail工業區的SHARQ生產乙二醇（EG）、聚乙烯（PE）及PETROKEMYA生產乙烯（Ethylene）、聚乙烯統包工程，一起打入沙烏地的石化工程市場。

與此同時，中鼎的足跡也踏上約旦，和日商Hitachi（日立製作所）共同執行Aqaba肥料廠工程。

1982年年底，中鼎獨自得標SABIC與Exxon Mobil

（埃克森美孚）合資的YANPET（楊埠石化）[1]環氧乙烷／乙二醇（EO/EG）建廠工程，那是第一個以中鼎名義在沙烏地拿到的合約，也是中鼎立足中東的里程碑。

為了全力支援YANPET專案，中鼎毅然派出最精銳的部隊，掌舵的專案經理是中鼎集團前首席副總裁的林俊華。

林俊華在其回憶錄《一段美好的人生旅程》中提到，當年負責海外專案的主管斯蓓和他，被派到當地爭取業務，因為競爭激烈、分秒必爭，曾經從吉達開車到楊埠，兩地相距三百多公里，他用時速180公里狂飆，「只開兩個小時就到了。」

之所以如此「拚命」，是因為在與業主針對投標文件疑問開完澄清會議後，對方要求中鼎必須在二十四小時內更新報價。為了完成任務，林俊華只能緊急請外籍員工協助，更新全份報價書後再飛車前往交出資料，「那趟行程，我整整一個星期沒有在床上躺過。」

皇天不負苦心人，中鼎最後得到合約，林俊華在1983年農曆過年前幾天，帶著先鋒部隊從台北飛到吉達，開啟三年駐守沙烏地工地的生涯。

將士用命，爲集團賺到第一桶金

由於YANPET專案獲得業主肯定，1983年中鼎又取得吉達煉油廠海水加氯裝置工程，規模雖小，卻是設計、採購、建造的工程總承攬，也就是所謂的「EPC統包」。

「高峰時期，中鼎有幾十位工程師和幾百位工人在YANPET工地，」余俊彥見證當時的榮景，「每天工作十餘小時、一週六天不停趕工。」

「那時候，中鼎的業務有一半來自沙烏地，」中鼎集團前總經理林日東在錄製中鼎四十週年紀念影片時仍難以忘懷：「在全體員工全力以赴下，工程進度大幅超前。」

「在那個年代，如果有一年中東不賺錢，那一年中鼎就會沒好日子過，」從余俊彥的說法，不難看出三、四十年前中東市場對中鼎的重要性。

一群中鼎人將士用命，在沙烏地打了漂亮的一仗，也賺到滿滿的第一桶金，不僅提前償還銀行貸款，還買下位於敦化南路中鼎大樓的四個樓層，原本分處忠孝東路四段大陸大樓及南京東路二段再保大樓兩地辦公的員工，在1984年正式遷入中鼎大樓。

做足準備，走進千年神祕國度

「Al-Salamu Alaykum!」余俊彥在訪談過程中，脫口說了一句阿拉伯語。這是穆斯林見面時的祝福語「願平安臨在你身」，亦代表「你好」的問候語。看似簡單一句話，透露了他為派駐中東所下的苦功。

余俊彥在1984年年底外派沙烏地擔任業務經理，從此，八千公里之遙的神祕國度，不再只是地圖上的一個地名。

在遠行之前，他做了兩件事，為充滿未知的未來日子做準備。

「我到『青年之友社』學了兩個月阿拉伯文，」余俊彥笑著說，「拼音學會了，但仍無法用阿文和阿拉伯人打交道。」不過，當時阿拉伯半島宛如世界的中心，湧進來自世界各地的人，英語反倒成為通用語言。

另外，他讀了當時剛出版的《面紗裡外》（*Beyond the Veil*），譯者是曾任台肥總經理的黃達河。作者格雷（Seymour Gray）是一位美國醫師，他深入浩瀚大漠，在沙烏地生活、歷險，揭開千年王國的神祕面紗，讓外界一窺當地的生活、人文、風俗、文化、制度、生死等各種面貌。

「如今中東仍有許多外人無法想像的民情與禁忌，何況將近四十年前，」余俊彥回顧，早年資訊傳播不發達，台灣人出國也少，在異域生活的酸甜苦辣，一言難盡。

再加上當時在沙烏地的生活非常簡單，國土面積一半是沙漠，在一望無際的黃土上旅遊景點少，也罕見遊樂設施，一般人下班後沒有什麼娛樂，偶爾打打保齡球、乒乓球。余俊彥打趣地說：「去了就是數饅頭嘛！」

不過，大多數回憶仍是美好的，印象最深刻的休閒活動就是在紅海邊垂釣。

「林日東先生喜歡釣魚，假日時我們經常陪他釣魚，」余俊彥開啟時光之門，回憶不停湧現：「紅海裡都是象魚，一下竿魚就上鈎，每次都釣滿三個水桶。象魚沒有魚鱗，煮出濃白的湯很好喝，魚肉也很好吃，大家都吃得很開心。」也幸好有台灣廚師滿足台籍幹部的味蕾，稍稍化解鄉愁。

全球布局，把世界地圖刻在腦海

在日復一日的平淡生活中，整個中東已經烙印在余俊彥腦海裡。

採訪期間，以色列和巴勒斯坦的衝突升高，點燃中東火藥庫的煙硝味，他突然話鋒一轉，問道：「我考你，約旦的鄰國是誰？」

這堂隨興抽考，讓在場的人面面相覷。

「約旦西臨黎巴嫩和以色列，南邊是沙烏地等海灣六國，」他比著眼前的虛擬地圖繼續說，「這邊是阿曼、過來是聯合大公國，有杜拜、阿布達比這些大城市，再來就是卡達、巴林，圍著一個大國家就是沙烏地，還有東北有一個小國是科威特，六個國家就叫作海灣六國。科威特上去是伊拉克、敘利亞，再上去就是土耳其……」

世界地圖彷彿植入余俊彥的腦袋，從中東、中亞、東南亞一路連到中國大陸，如同人體GPS（全球定位系統）。「地理、歷史都是基本知識，學地理一定要背地圖、學歷史一定要背時代表，」他分享自己的學習心得。

確實，地理位置對應的不僅是一個國家在地球上的位置，更直接影響市場開發潛力、物流效率、供應鏈布局等重要企業策略決策，同時也是領導者進行風險管理時的關鍵參考因素。能夠深入了解相關地理背景，才能更有效規劃企業在全球市場的營運與發展。

在無數長途飛行的出差行程，盯著機上螢幕和刊物的地圖，久而久之，世界地圖烙印在余俊彥腦海中，內化成知識的一部分，在征戰世界的途中，幫助他擁有更好的方向和視野。

審時度勢，先退出阿拉伯市場

八〇年代中，沙烏地打算在Qassim興建煉油廠，由Aramco（沙烏地阿美石油公司）負責執行。這次，是繼YANPET石化專案之後，中鼎再次靠自己的實力爭取新標案。

余俊彥積極拓展業務，雖然Aramco把關甚嚴，但他不畏困難，勤跑客戶維繫關係，努力推銷中鼎的工程技術，最終拿到Qassim煉油廠的標單，準備報價。

沒想到，兩伊戰爭烽火不斷引發石油危機，全球瀰漫通膨壓力，好不容易快要開標的Qassim煉油廠工程被迫取消。

YANPET石化專案已經結束，拿不到新訂單，沒有新業務，留守員工不到十位，人聲鼎沸的情景再不復見，而維持辦公室的成本很高，余俊彥思索著前景，最後向總公司提出大膽建議：「我寫了一份簽呈給老闆，建議暫時關閉中鼎阿拉伯公司，保留實力，等待東山再起。」

這份簽呈經過時任業務主管資深協理林秋景，上呈總經理童亞牧，獲得同意，中鼎在1986年結束沙烏地的營運。

事實上，當時台灣石化業正蓬勃發展，石化工廠如雨後春筍般冒出，中鼎在國內業務已應接不暇，先退出鞭長莫及的中東市場其實是十分正確的決定。

重振旗鼓，開拓海外市場

1998年，五十歲、進入中鼎二十五年的余俊彥被擢升為總經理，並且開始推動許多革新措施，尤其致力於開拓海外市場。

當時，中鼎已在新加坡、泰國、馬來西亞等東南亞市場耕耘多年，陸續承攬當地業主及台商的投資案，逐漸打開市場能見度。

1999年年中，余俊彥再次加碼海外市場的人力布局，調派建造部協理林俊華負責成立海外工程部，又調派當時在建造部的現任集團副總裁、中鼎董事長楊宗興加入，增強海外業務陣容。

就在這個時期，中國大陸市場也開啟了一扇機會之窗。

八〇年代，中國大陸施行改革開放政策，把吸引外商投資列為經濟發展的重要手段，逐步開放外資直接投資，以市場換取技術。果然，九〇年代之後，全球掀起一股投資熱潮，台灣也不例外，中鼎便跟著台灣石化業廠商西進，1993年在北京成立京鼎工程。

2000年年初，三個國際知名的能源石化公司——英國BP（公眾）[2]、德國BASF（巴斯夫）、荷蘭Shell（殼牌），紛紛到中國大陸設立生產據點，他們需要可以信賴的工程公司建廠。中鼎因為有國際經驗，加上對智慧財產權的保護，以及語言上的優勢，自然得到這些業主的青睞。

「那一時期，我們同時執行十三個大大小小的工程專案，對中鼎的國際化發展是很重要的一步，」林俊華在回憶錄中闡述。

2001年年初余俊彥接任董事長，隨即提名林俊華升任總經理。而在環境劇烈變化下，向來有強烈危機感的余俊彥高高升起風險意識的天線，深感中鼎無法忽視海外市場的重要性。

他觀察到新興市場的發展，尤其是中國大陸的經濟崛起，天然氣需求將大增；至於中東，則因油價高漲，重大工程需求蓬勃展開——曾在沙烏地工作兩年的經驗，讓他嗅到濃厚的商機。

在成為公司負責人及最高決策者後，余俊彥毅然決定重啟中東市場，「不管前面有多少挑戰，中鼎都必須再次出發。」

卡達EP2，重返中東的敲門磚

關閉中鼎阿拉伯十六年之後，中鼎於2001年重新在沙烏地成立中鼎阿拉伯公司；2004年再增設阿布達比、卡達兩家公司，緊鑼密鼓展開中東的拓展行動。

然而，重返之路並未如期待順利。

林俊華分析，中東業主過去仰賴西方工程公司做工程統包，如今想要尋求價格更便宜的統包夥伴，中鼎雖然成為他們相中的目標，卻仍對中鼎的實力有所疑慮，甚至曾有中東業主明確告訴他：「不管中鼎出價多低都沒用，等到投標第五個案子後，大家建立互信，我才會決標給你。」

果真，中鼎在沙烏地投標，曾有兩次雖是最低標卻都未獲業主青睞，花了許多備標費用還是無功而返。

直到2003年之後，中鼎在中國大陸的工程執行案陸續完成，這些成功的建廠經驗讓中鼎在國際工程界嶄露頭角，才獲得中東業主的關注。

2004年，中鼎標下Qatar Petroleum（卡達石油）[3]和法國TotalEnergies Group（道達爾能源集團）合資的QAPCO（卡達石化）[4]乙烯擴建第二期加熱爐專案（Ethylene Expansion II, EP2），回歸中東市場。

拿下灘頭堡，在中東的布局開始看見曙光。

2006年，中鼎再拿到全球前三大石化集團之一的SABIC子公司Saudi Kayan的環氧乙烷／乙二醇統包工程，正式重返沙烏地。

Saudi Kayan的環氧乙烷／乙二醇專案是金額5億美元的統包工程，為當時全球最大規模環氧乙烷／乙二醇廠，寫下中鼎海外統包工程專案規模與簽約金額新高紀錄，不僅是中鼎回歸沙烏地的首案，也是中鼎首度以主承包商身分在沙烏地執行的工程，是重回中東市場最具指標意義的專案。

此時，中鼎的規模及實力，都已和當年不可同日而語，2010年工廠完成運轉時，余俊彥還親自前往沙烏地接受業主表揚。

中鼎從台灣到中國大陸，同時開發東南亞市場，又重回中東，建立在國際工程界的口碑，市場能見度一再攀升。

中鼎走向海外市場的轉型策略，從台灣到中國大陸，同時開發東南亞市場，又重回中東，建立起中鼎在國際工程界的口碑，市場能見度也一再攀升。

而重返中東十年後，中鼎的工程專案一再創新高，業主大多是國家級石油公司，不論規模和承攬金額，在國際工程界都是數一數二，逐漸推升中鼎的影響力，進而躍居全球百大工程公司之列。

中東市場榮耀再現

2010年之後，中鼎集團在中東的發展更加風風火火，於全球市場的地位自然也隨之提升。

2012年，取得QAPCO裂解爐及乙烯儲槽專案；2013年，再與Chiyoda合作，承攬位於卡達Ras Laffan工業區的煉油廠二期專案（Laffan Refinery Phase II, LR-2），合約金額達10億美元之譜。

緊接著在2014年，中鼎又順利承攬SABIC旗下的SAMAC[5]，位於Jubail工業區、號稱全世界最大產量的甲基丙烯酸甲酯（MMA）、聚甲基丙烯酸甲酯（PMMA）工廠興建專案。

2015年，中鼎集團首度打入阿曼王國，與美國CB&I[6]合組CCJV[7]團隊，共同承攬ORPIC[8]位於Sohar工業區的蒸汽裂解裝置統包工程專案（Liwa Plastics Integrated Complex, LPIC），這是中鼎在阿曼的第一個專案，承攬金額高達28億美元，創下當時海外承攬最高金額。而當年度，來自中東的新簽約金額，即占中鼎集團總簽約金額近七成。

2016年10月，余俊彥親自飛抵利雅德，接受時任SABIC董事長、沙烏地王子Saud bin Abdullah bin Thunayan Al-Saud頒發「2230萬無災害工時損失紀錄獎」，肯定中鼎維護工安及執行工程優異的成果。不僅如此，SAMAC的MMA/PMMA專案也獲SABIC頒發「最佳專案執行者獎」（The Winner of Best Project Performer）。

2017年，卡達的LR-2順利完工正式啟用時，當時的卡達國王Sheikh Tamim Bin Hamad Al Thani還親臨啟用典禮，顯見業主和該國政府對這些工程案的重視。

中鼎不斷精進實力，在中東工程界建立的聲勢和口碑，可謂蒸蒸日上。

以執行力及信譽攀巔峰

「我們是靠專案執行建立信譽，然後靠信譽去建立關係，」現任工程事業群副執行長、中鼎煉油石化工程事業部總經理的鍾士偉說。他在2015年至2017年曾派駐沙烏地擔任專案經理。

被中鼎人視為「魔王級」戰場的中東，同時也是中鼎人及專案團隊精進實力的重要市場。在沙烏地，2016年中鼎再標得Saudi Kayan乙烯裂解爐統包工程、環氧乙烷／乙二醇產能擴充專案的前端工程設計工作，足見中鼎深獲業主信賴；之後，中鼎陸續承攬SABIC多項相關前端設計工作，成功達成統包服務向上垂直整合的目標。

2015年、2016年，中鼎在中東地區的營業收入僅次於台灣，是中鼎在全球的第二大市場。

不僅如此，中鼎還在阿曼躍升20億美元俱樂部，也創下7,700萬安全工時新高紀錄，讓中鼎的功力「三級跳」。2023年年初，得標QatarEnergy旗下RLP公司[9]的25億美元拉斯拉凡化工專案（Ras Laffan Petrochemicals Project, RLPP），讓中鼎一舉站上高峰。

二十年前毅然重返中東，余俊彥的決策和遠見為中鼎寫下擴張海外版圖的新紀錄，更因為表現良好成為SABIC的模範生，享譽中東；如今，集團更是足跡遍布全世界，中東、新加坡、泰國、馬來西亞、印度、越南、美國……，只要有重大工程就會看到中鼎人的身影。

時至今日，「中東仍是全球煉油石化的主戰場，」楊宗興直言，中鼎也積極參與卡達、阿曼和科威特等地大型煉油廠、石化廠的投標，在可預見的未來，中鼎的業務版圖將擴及海灣六國，持續在全球工程服務業界站穩腳跟。

注釋

1. Yanbu Petrochemical Company。
2. 前稱英國石油（British Petroleum）。
3. 涉足石油及油氣勘探、開採、煉油、運輸、存儲等業務，現已更名爲卡達能源（QatarEnergy）。
4. Qatar Petrochemical Company，全球重要的低密度聚乙烯生產商之一。
5. Saudi Methacrylates Company。
6. Chicago Bridge & Iron Company，2018年被美商McDermott合併。
7. CB&I – CTCI B.V. JOINT VENTURE。
8. Oman Refineries and Petro Chemicals，阿曼煉油及石油工業公司。
9. Ras Laffan Petrochemicals，QatarEnergy（卡達能源）與CPChem（雪佛龍菲利普斯化工）合資成立之企業。

第三章
站在巨人的肩膀上練功

深夜，美國181號公路上，出現幾座密布管線和塔槽的巨型工廠模組，在自走式模組化運輸車運載下，占滿整個公路路面，以時速不到3公里的速度緩緩向前駛去。

這不是電影場景。

這是中鼎為美國GCGV公司打造的全球最大單乙二醇（MEG）工廠的模組化設備。經由漫長的海上航行之後，再由陸路將這個模組化工廠運送到工地組裝，號稱是全球最大的乙二醇工廠模組化工程。

攜手McDermott，打造模組化工廠

這座陸上模組化工廠是由中鼎與美商McDermott合組團隊共同承攬，當時的合約金額刷新了中鼎在美

國工程市場的紀錄，而中鼎跟著McDermott一起學習打造模組化工廠，又讓集團的經驗升級，從單獨設備模組化進階到整廠模組化。

McDermott是海上鑽油平台模組化技術專家，中鼎則握有陸上煉油石化統包建廠的豐富經驗，這個結合雙方核心競爭力的策略聯盟，為中鼎樹立了嶄新的里程碑。

以積木組裝的概念，先把工廠設施預製或組裝好，再運到現場組合，這種模組化的建造手法近來已大量運用在建築物上，但運用在工廠，尤其是管線錯綜複雜的化工業，卻極為罕見，何況是產能110萬公噸、規模龐大的乙二醇工廠，更是首創。

模組化是中鼎近年積極投入的技術，具有工期短、施工效率高、品質可控性好、施工安全性更高等優點，可有效克服工程建造過程中的人工短缺、氣候惡劣等不可控制的因素，被中鼎視為未來工程建造的重要發展趨勢。

這是中鼎與McDermott第一次合作，而讓雙方有合作的機緣，則要從遠在中東的阿曼說起。

2015年，中鼎首度與美商CB&I合作共組CCJV團隊，進軍阿曼，不料CB&I在2018年被McDermott合併。誰也沒想到，一場合作夥伴易主的考驗，卻奠定雙方在美國德州共同打造全球最大乙二醇工廠的合作機會。

無畏挑戰，建立新學習曲線

首度進軍阿曼，對中鼎自然別具意義，但機會與風險總是相伴而來，整個專案從合約金額、合作團隊半途易主到製程技術、採購模式……，無一不是全新挑戰。

「阿曼專案不僅是金額最大，規模和複雜度都是中鼎執行統包工程的重要里程碑，」當時的專案負責人、現任工程事業群副執行長、中鼎工程技術部總經理的李民立說明。

十年前，「10億美元以下的案子，中鼎有能力讓業主放心，但是金額更大的案子，還是要跟別人聯合承攬才有機會，」集團總裁余俊彥直言，阿曼專案的承攬金額創當時新高，達到28億美元（約新台幣875億元），因此以合作方式組成承攬團隊，盈虧共享，共同承擔風險。

然而，這個金額相當於當時中鼎資本額的十倍，專案團隊分析，只要成本超支10％，中鼎就會虧掉一個股本，箇中風險可想而知。

此外，由於業主分散向韓國、義大利、德國、英國、荷蘭等各國輸出銀行融資，採購作業必須符合出口信貸機構的融資保證要求，器材設備採購就要透過公式計算，將訂單分散至這五個融資國家，而這些採購金額龐大占合約40%，使整個過程變得更加複雜。

不過，面對規模如此龐大的專案，中鼎審慎應對之餘也嘗試了不同的作業模式，建立新的學習曲線，為未來爭取更大金額的專案預做準備。

這個案子雖是雙方合資，但在前期設計階段中鼎就派出一組專案團隊，前往設於海牙的CB&I荷蘭公司的專案管理中心。「專案前期，我在荷蘭待了一年十個月，」李民立說，當時他負責專案管理的重點工作，就是和業主的專案管理團隊一起檢討進度、制定管理制度、作業流程，以及重大議題決策。

對中鼎來說，阿曼專案的挑戰不同於往。

譬如專案的設計、採購採取多執行中心（multi-operation center）架構，分別在台灣、荷蘭、捷克、印度設置設計與採購執行中心，建造團隊則在阿曼，讓分處五個國家的辦公室同步工作，專案執行不會形成多頭馬車，又能讓人力資源運用效率最大化。

阿曼專案事實上有四個統包工程，CCJV 承攬其中金額最大的核心項目「EPC1」，除了最重要的乙烯製程工廠，還包括園區公用設施系統，例如純水、蒸氣、廢氣、廢水處理與燃燒塔等，要先興建完成。

而園區其他三個專案工程，分由三家不同工程公司承攬並同時進行，且互相具有上、下游原料關聯性質，四個專案之間牽連到的工程介面範圍廣且複雜，也都要由 CCJV 專案團隊負責管理與協調統整。

而所謂「工程介面」是指工程中各種儀器、設備之間產生連結的部分；又或設計、採購和建造之間結合時產生關聯的部分；或是像工地現場，土木、設備、機電等結合時連結的部分。為了提升工程執行效率，介面管理非常重要。

因此，為有效整合工程介面，專案團隊每週都要和業主召開週會，討論設計細節、採購及施工議題；每月與業主面對面共同檢視重要事項、面臨的困難及無法妥協的事情，透過反覆的溝通與討論以確實解決問題、強化介面管理。

工安專家杜邦的淬煉

阿曼專案工程執行了五年，中鼎締造了7,700萬安全工時的紀錄，令工程界難以望其項背，「換算等於高峰期大約有一萬人同時在工地現場，都沒有發生工安事故，」余俊彥鏗鏘有力的語氣中，透露出對團隊辛勞與努力的肯定。

不過，外界更渴望知道：中鼎是如何做到的？

「我們很幸運，」李民立說，他在阿曼工地長駐兩年，每天到工地巡視，隨時提醒工人要注意安全，「我經常要中、英文雙語並用，對著六、七千人講話，把規矩、要求講清楚。」

如此注意工安，是多年來的企業文化薰陶所致。

「1989年我剛到中鼎擔任專案工程師時，前輩就耳提面命：『一個石化工廠動輒上百億元，容易酸蝕，工程非同小可，萬一做不好是會爆炸的，公司可能因而破產』，所以我們特別嚴格要求工程安全，」李民立說，他對每一項專案執行都戰戰兢兢。

李民立回憶，二十五年前一個週末下午，接到業主杜邦負責專案的主管電話，要求他立即到桃園觀音工業區的工廠。

到了現場，對方一隻手指著牆上寫著「Safe Man-Hours」（安全工時）的牌子，劈頭就問：「你應該知道這是什麼？」隨後，他帶著李民立進入辦公室說：「你們團隊的這位同事，差一點破壞了我的紀錄。」

一頭霧水的他，小心翼翼問道：「發生什麼事？」

原來，中鼎同事在工地辦公室削鉛筆時不慎受傷，儘管未見血，但看在杜邦專案主管眼裡仍不容輕忽。他對李民立提出嚴正警告：「不准再發生這種事！」

在當時杜邦全球各工廠中，台灣觀音廠安全工時排名第一，基於安全考量，杜邦嚴格要求員工上下樓梯一定要手扶欄杆，不能把雙手插在口袋裡。即使事情已過了二十幾年，李民立回憶過往仍無比震撼，對杜邦落實執行工安的態度更是從此謹記在心，不論擔任專案經理或督導，都特別重視工安維護。

事實上，不只李民立，業主實事求是、嚴格要求的訓練，早已在無形中潛移默化，養成中鼎人落實執行專案及對工安的絕對要求，也正是因為如此，才能在國際工程界一再創造出優良的績效和紀錄。

掌握Lummus製程，優化設計功力

阿曼專案在許多方面都對中鼎意義重大，譬如像

是乙烯裂解製程，就是首次採用Lummus最新的「選擇性氫化」專利製程技術，專案設計團隊分四個執行中心，設計高峰時人員多達八百人，設計工時高達230萬工時。

過去中鼎跟Lummus已有多次專利製程合作經驗，累積了乙烯製程建廠實績。

「2013年我們才完成中油六輕（即三輕更新工程）統包工程，過去還有中油四輕，以及台塑石化二輕、三輕等，這些都是採用Lummus的專利技術，」余俊彥一一細數雙方的合作淵源，並且強調，「阿曼專案讓中鼎的設計功力再躍進。」

Lummus是歷史超過一百一十五年的美國企業，專門研發各式工業製程技術，尤其是煉油及石化等產業，在六〇年代即開發出乙烯裂解爐，如今更掌握了最先進的乙烯製程專利技術，授權全球兩百多家乙烯廠使用，約占全球產能45％，「現在他們已經握有超過150項技術、4,100項專利，」余俊彥說。然而翻開Lummus的歷史，歷經多次股權變動、合併、更名，在

2015年為McDermott併購後，2016年又被其賣出。

深諳Lummus以「技術為王」道理的余俊彥斷言：「擁有技術，工程公司會更值錢。」

在他眼中，這是多元轉型的大好時機，若取得有專利製程的公司，和中鼎擅長的統包服務連結，可望大幅提升集團投標優勢。

「我們那時出價24億美元，可惜被一家印度公司標走，」余俊彥感慨地說。2020年McDermott以27億多美元將Lummus轉手，最後被TCG[1]旗下的Haldia（印度石化）和Rhône（隆河）資本公司聯合收購。

與技術專利者同行

和Lummus擦肩而過固然遺憾，但四十多年來，中鼎從最初的1億元股本、年營業額不過數億元，多年來與Lummus的合作觸角從台灣延伸到馬來西亞、沙烏地和阿曼，如今更壯大成為全球百大工程公司，甚至有能力回頭競標這家百年企業，集團實力與競爭力已不可同日而語。

協助積累這份實力的，除了Lummus，還有美商Stone & Webster[2]。

Stone & Webster是中鼎在乙烯工程的啟蒙廠商，也是中鼎重返中東的助力之一。

中鼎與Stone & Webster的合作早在中技社時代便已開始。1971年，中鼎和Stone & Webster共同承辦中油第二輕油裂解廠（二輕）工程的細部設計工作，是中鼎在七〇年代承接最大規模的設計工程，也因此進一步提升工程設計能力。

2000年左右，中鼎和Stone & Webster在台灣、中國大陸、菲律賓及泰國等地，一路透過多個合作案操練實力。

2004年，日商JGC（日揮）與中鼎合作，取得QAPCO乙烯廠擴建案，Stone & Webster就是提供乙烯工廠製程技術的廠商。

練兵千日，終於開花結果，在與Stone & Webster合作良好的口碑下，中鼎取得QAPCO EP2專案，重回中東市場。

借力使力，結盟拉高競爭門檻

透過與國際知名工程公司合作、共同承攬，讓中鼎不斷精進實力，一步一步地提高競爭優勢，而且強強聯手，可以承攬到更大規模的工程。

1979年中鼎成立後，雖然仍做外商的協力廠商，但透過結盟方式迅速累積執行國際級工程的經驗。其中，Chiyoda是中鼎的最佳戰友之一，帶著正處於發展階段的中鼎進軍全球市場，讓中鼎得以成長。

除了Chiyoda，日商JGC在1981年取得SRC公司的統包工程，邀請中鼎擔任協力廠商，負責Catalytic Reformer和Visbreaker兩廠建造工作，是中鼎在新加坡的第一個工程。

當時中鼎團隊在Catalytic Reformer停爐檢修的一個月內，每天趕工到凌晨，最後竟然提早一個月完工，打破JGC在SRC多年的紀錄；不僅如此，後續的

Visbreaker工程也提前七天完工，從此奠定中鼎在SRC管線工程的專業地位。之後，1984年SRC公司建造加氫裂解（Hydro-Cracker）工廠，就指定由中鼎承做。

八〇年代前期，可以說是中鼎在新加坡的全盛期，負責執行多項專案，包括美國Esso（埃索）煉油廠變電站、新加坡公用事業局聖諾哥電廠（Senoko Energy）的儲油槽區擴建統包工程等。

1994年中鼎再度重回新加坡，負責由JGC統包的重油裂解（RCC）廠建造工作，在一年內如期完成，且品質、安全都令業主相當滿意。

中鼎的新加坡經驗，讓外派的年輕工程師有機會觀摩世界級工程公司營運模式，成為中鼎培育全球化人才的契機，奠定拓展海外市場的基礎。

而一路走來，中鼎的表現，合作最久的國際工程公司Chiyoda都看在眼裡，更因此相中中鼎的潛力，2011年甚至以實際行動，買下中鼎10%股權，一度成為中鼎股東。

不僅如此，2011年8月17日，Chiyoda與中鼎簽署合作協議，將共同合作投標，開拓中東及東南亞等海外市場的基礎建設工程、水處理設施、鐵道基礎建設等事業；此外，雙方還將活用技術和人才資源，針對全球基礎建設、交通建設、新能源、環保工程等領域，朝多角化合作方向發展。

成長茁壯，從協力廠商晉升合作夥伴

中鼎逐漸壯大後，角色也從協力廠商晉升為主承包商，有能力與其他國際級公司聯合承攬更大型合約。

2014年，Petronas（馬來西亞國家石油公司）在Pengerang石化中心的煉油石化計畫，其中的重油轉化（RFCC）專案，中鼎邀請Chiyoda、馬來西亞的MIE及Synerlitz，四家公司共同組成聯合承攬團隊，中鼎擔任領銜廠商，最後成功擊敗來自世界各地的工程團隊，取得重油轉化專案。

這項總價約13億美元的標案，創下中鼎當時承攬金額最大、首次突破10億美元的合約。

同樣在2014年，Chiyoda又與中鼎結盟，首次進軍中東非鐵金屬工業領域，共同取得在沙烏地Yanbu工業區的煉鈦廠建廠統包工程，跨入全新領域。這個專案的業主是ATTM[3]，係由掌握獨特海綿鈦製程技術的日本TOHO（東邦）和沙烏地AMIC[4]合資成立。

日本只有兩家海綿鈦金屬生產廠商，煉製技術屬國家管制輸出項目，輸出時要特別考量保密性與國家利益，中鼎憑藉周延的智慧財產權保護贏得業主信賴，加上過去與Chiyoda長期合作的建廠實績助力，獲得共同承攬機會。

建立信賴，和業主一起打天下

除了與專利授權廠商及國際工程公司策略聯盟，中鼎的另一項成功策略是與業主建立互信互賴的工作模式，取得連續性合作機會，一起打天下。

譬如憑藉豐富的國際煉油石化統包工程經驗，1995年，中鼎標得六輕興建工程中，投資金額最大的台塑石化煉油廠整廠設計工作，台塑越南河靜鋼鐵廠與台塑、南亞、台化的各項工程，以及由台塑、南亞投資的美國與中國大陸的專案等，幾乎都可見中鼎人的身影。

又或者，像是中鼎早年參與國喬興建苯乙烯工程，2000年之後，國喬在中國大陸鎮江設子公司國亨公司，陸續投資苯乙烯丙烯腈（SAN，又稱AS樹脂）、丙烯腈－丁二烯－苯乙烯（ABS）工廠時，便由中鼎負責國亨鎮江廠的統包工程，合作機緣從台灣延伸到海外。

此外，2001年中鼎取得長春集團酚工廠的設計工程，2010年雙方進而攜手前進中國大陸，甚至在2021

中鼎與國際工程公司強強聯手，結合雙方核心競爭力，打造精實團隊，在競爭激烈的全球工程市場中脫穎而出。

年還跟著長春集團拓展美國市場。

又例如，中鼎與奇美石化在台灣及鎮江聚苯乙烯廠、漳州ABS/AS樹脂廠興建統包案；與台灣聚合化學品、亞洲聚合、台達化學工業在台灣及中國大陸的專案工程等，不勝枚舉。

2022年，中鼎承攬泉州國亨66萬噸丙烷脫氫（PDH）／45萬噸聚丙烯（PP）項目，圓滿完工。

以專業執行力贏得信賴

「中鼎是靠專業執行能力取得業主的信賴。專案執行得好，業主就會願意跟我們建立更深入的合作關係，」工程事業群副執行長鍾士偉強調，「彼此互相信賴，工程才能順利完成。」

他一語雙關點出在沙烏地執行專案與業主需建立信任的重要，以及中鼎和中東最大化工集團之一的SABIC，如何培養合作默契的過程。

在中鼎重返沙烏地之後，2006年率先合作的就是

SABIC。有了和Saudi Kayan環氧乙烷／乙二醇專案的基礎，讓中鼎在2016年打敗日商JGC、美商Fluor等各大國際級競爭對手，取得該廠產能擴充專案的前端設計工作，並如期完成，不僅因此獲得SABIC的信賴，還由於執行前端設計的優勢，隨後得標Saudi Kayan乙烯廠建案。整段過程從前端設計開始，到細部設計、採購、建造、試車，讓中鼎的統包工程服務成功向上垂直整合。

2018年中鼎和McDermott聯手，取得位於美國德州的全球最大乙二醇廠專案，業主GCGV即是SABIC和美國Exxon Mobil兩大石油巨擘合資設立，當時便是在SABIC全力支持及堅持下，讓中鼎首度打入Exxon Mobil的業務體系，為雙方的專案合作開啟先河。

憑藉著與SABIC的合作基礎，2024年，中鼎成功承攬位於中國大陸福建漳州古雷石化基地的中沙石化雙峰高密度聚乙烯（HDPE）統包工程。中沙石化，正是SABIC和福建省能源石化集團合資的企業。

「一路走來，我們不斷學習成長，持續為全球客戶提供全方位的工程服務，建立長期關係和值得信賴的服務品質，已成為國際業主指定的合作夥伴，」集團副總裁楊宗興充滿信心地說。

強強聯手，屢創新高

近年來，中鼎與具國際工程實力的業者強強聯手，結合雙方核心競爭力打造精實團隊。這個策略明顯奏效，在全球強勁對手環伺下，中鼎頻頻脫穎而出。

2023年年初，中鼎和SAMSUNG E&A共同取得卡達拉斯拉凡化工專案乙烯廠統包工程，除了金額高達25億美元之外，還是全球產量最大的乙烯廠，再創營運佳績。

中鼎能與昔日勁敵一起得標的關鍵，誠如楊宗興闡述：「擁有豐富的乙烯工程技術經驗，加上導入模組化、自動化等創新模式，才能獲得業主的信賴與肯定。」

在中鼎服務已超過三十年，從基層扎根，一路見證集團成長軌跡的楊宗興說：「從台灣出發走向海外，中鼎朝向多元化發展，從煉油石化到電力、焚化廠、軌道交通，再拓展到高科技等業務，可以用更寬廣的視角雄踞工程界。」

2017年，中鼎首次與美商奇異合作，採用該公司獨家的複循環發電技術，取得馬來西亞Southern Power Generation公司的Track 4A複循環電廠合約。

不只是國外的工程，中鼎的國內承攬實績也再上層樓。2020年，中鼎與奇異再度聯手，共同承攬台電興達電廠及台中電廠燃氣複循環發電機組統包工程，金額高達新台幣千億元，創下中鼎在國內單一合約金額的新高紀綠。

這些紀錄在在說明，中鼎強強聯手的策略奏效，在國內外標案紛紛告捷。而這份能夠提供設計、採購、建造，一條龍式服務的實力，讓中鼎在台灣幾乎無人能出其右，更讓業界看見中鼎如何與強者同行、與時俱進，自我鍛鍊成為更優秀的團隊。

科學家牛頓曾說：「如果我能看得更遠，那是因為站在巨人的肩膀上。」

在余俊彥接任中鼎董事長、提出策略聯盟變革想法後，二十餘年來，中鼎不斷累積工程實力。2005年，中鼎的規模和實力已打敗榮工處，成為台灣工程界的第一品牌；而在國際工程排名方面，中鼎位列第五十五名，超越許多歐、美、日大廠。

「在亞洲地區，可以與中鼎匹敵的，僅日本及韓國的三、五家業者，」余俊彥口氣堅定地說。

而從業績來看，2000年中鼎集團合併營收僅新台幣一百多億元，但是到了2023年年營收已突破千億元，在建工程金額超過新台幣三千億元，頻頻締造新猷，和巨人並駕齊驅。

站在巨人肩膀上，勤奮不懈練功、扎實精進技術、不斷升級，中鼎看得遠，走得更遠，乃至茁壯成為巨人。

注釋

1. The Chatterjee Group。

2. 成立於19世紀末，是已逾一百三十年歷史的百年企業，但股權數度易手，部分業務為CB&I併購，後來又為西屋電氣併購。

3. AMIC-Toho Titanium Metal Company。

4. Advanced Metal Industries Cluster Company Limited。

第四章
進擊全球，遍地開花

中鼎邁出擴張的步伐，集團旗下海內外各個「鼎」字輩公司一一成立，如同「母雞帶小雞」般在各地分設據點，且每個「鼎」字家族成員都能獨立營運，也能服膺母公司的統籌規劃，因時、因地、因勢分進合擊，共同創造新局。

八〇年代，中鼎開始積極布局海外，首先從亞洲出發。

中鼎泰國，第一個海外永久據點

距離曼谷大約220公里、位於泰國Rayong工業區的液化天然氣（LNG）接收站，一條6公里長的棧橋卸收碼頭設施延伸進入泰國灣，是全世界最長的液化天然氣接收棧橋，兩座液化天然氣儲槽儲量也創下世界之最。這座PTTLNG Nong Fab液化天然氣接收站[1]統包工程，是由中鼎泰國及其義大利策略合作夥伴Saipem[2]，於2018年以聯合承攬方式取得。

這個案子對中鼎的海外版圖拓展別具意義，因為中鼎泰國是集團的第一個海外永久據點，且合約金額高達10億美元，締造了中鼎在泰國承攬統包工程的新高紀錄，象徵中鼎泰國已具備承攬中大型統包工程的能力。

不僅如此，國際專案管理學會台灣分會的「專案管理大獎」，素有專案管理界奧斯卡獎之稱，而中鼎的這項工程，同時獲得學會2023年的「典範專案獎」及「傑出專案領袖獎」雙料大獎。

「三十七年了！」集團總裁余俊彥回憶，當年他到泰國一手成立的公司。時光拉回到1986年，Chiyoda標到Thai Oil[3]的擴建工程，將建造工程分包給中鼎。為配合進行海外專案，時任業務部副理的余俊彥被外派，負責辦理公司登記，成立中鼎泰國。

「結束兩年外派沙烏地的任務，回到台北總公司述職，老闆（林秋景）說，在沙烏地太辛苦，派你去一個好地方，」只不過，余俊彥笑著說，「被告知外派泰國時，連公司都還沒有成立。」

就這樣，「1987年1月6日我到了曼谷，租房子、辦手續、辦理公司登記，」他記得當年隻身飛到泰國籌辦公司登記各項業務，還在異鄉度過農曆年。

1987年1月8日，中鼎成立中鼎泰國公司，很快便獲得泰國商業部核准成立，由林日東出任總經理。

「辦公室設在曼谷，全公司員工三十三人，其中十八位是從台灣調派的人力，大都在工地，」余俊彥說，Thai Oil的工地位於曼谷東南、芭達雅北方的Sriracha。

在泰國半年後，余俊彥手寫了一份綜合報告，從成立公司後籌備的過程、營運及業務情況，到評析泰國煉油石化工程、石化廠、肥料廠等相關產業前景，以及中鼎在泰國的前景預期。

他在報告中提到，泰國石化發展約落後台灣十五年，與七〇年代的台灣相似，具規模的化工廠不多，預期未來數年市場大有可為；而在Thai Oil的專案中，Chiyoda有不少包商，但是中鼎泰國的表現最好，因為有十餘位來自台灣的工程師全力支持。

在地扎根，長期耕耘的策略

「要在地扎根就必須發揮中鼎的專長，做當地人做不來的項目，」余俊彥當年分析中鼎的優、劣勢，並提出建議。

建造方面，中鼎泰國拚不過當地工程業者，因此未來在泰國的發展應以監造服務為主；另外，中鼎泰國還沒有能力爭取一條龍式統包工程專案，但可以鎖定2,000萬美元以下的目標，有機會跟日本業者一較長短，而若是大型統包工程，則由母公司中鼎領銜，與中鼎泰國聯合承攬，必有機會。

工程設計是工程的「根」，泰國除土木之外，落後台灣甚遠，因此如果在泰國成立工程設計部門，由總公司派人帶工作來訓練（on-the-job training）泰國工程師，將是未來中鼎賴以長久生存的利基。

這份報告，確立中鼎泰國長期扎根的方向，而余俊彥在半年後接任中鼎泰國總經理，讓他有機會招兵買馬，進而驗證自己的觀察成果。

在異地開拓市場並非易事，中鼎花了五年時間，直到1992年中鼎聯合中鼎泰國，承攬Bangchak的加氫脫硫（HDS）[4]專案，才開始見到曙光。

這個案子是中鼎在泰國的第一個具規模的大型統包案，於1993年順利完工。而在泰國有了獨立實戰經驗後，中鼎陸續有所斬獲，標得泰國Vinythai（維尼泰）的氯乙烯（VCM）[5]廠、台灣東帝士集團的泰國對苯二甲酸（PTA）[6]廠統包工程、美商Monsanto的泰國ABS[7]廠設計及全廠採購服務等多項工作，由母公司帶著中鼎泰國一起練功，逐步扎根。

終於，中鼎泰國華麗轉身。千禧年之後，中鼎聯合中鼎泰國已能夠得標單一金額超過3億美元的統包工程，一口氣同時拿下PTT[8]旗下的PPCL[9]酚／異丙苯新建工程、與美國Stone & Webster合作標得泰國HMC[10]

丙烷脫氫（PDH）工程，以及Bangchak公司的品質改善統包工程等三個大案子，此外還標下了專案金額約6億美元的PTTAC[11]丙烯腈（AN）廠、甲基丙烯酸甲酯（MMA）廠新建統包工程。

一路練兵，中鼎泰國巔峰時期員工多達一千人，目前亦有約七、八百人，每年營收及獲利貢獻穩定；2018年在母公司資源挹注下，取得PTTLNG Nong Fab天然氣接收站近10億美元的大型統包案。至此，在地深化、長期耕耘的策略，已開花結果。

中鼎越南，爲母公司打造人才庫

「在海外，我們通常會先設專案辦公室，工程做完、任務結束就撤退，」余俊彥分享，工程在哪裡、中鼎就在哪裡，因此在開拓市場初期，採取「打帶跑」策略其實是為了看清楚未來的方向，進一步決定是否落地生根。

但，如何判斷是否應該進入新市場？

「第一個條件是當地有機會，第二是市場有潛力，」余俊彥簡單說明，要評估一個國家的市場，是否有足夠的業務量可以支援公司發展，只要進入後能夠掌握商機，就適合設立永久辦公室。

深入在地的好處不少，他舉例，像是可以更了解當地的風俗習慣、法令規範，比較不會踩到地雷，且扎根在地也有助提升當地員工的忠誠度。不過，話鋒一轉，他強調，即使設立了永久辦公室，依舊需要持續經營，以越南為例，較欠缺有經驗的設計人才，中鼎就必須招考大學剛畢業的新手，從頭開始培養。

而深耕當地多年後，成果已然十分豐碩。「目前中鼎越南設計人員就有將近兩百人，」工程事業群執

當地業務量與市場潛力的多寡，是中鼎判斷是否要進入一個海外國家設立永久辦公室的標準。

行長、中鼎總經理李銘賢曾派駐中鼎越南擔任總經理長達五年，長期融入當地的他分析：「越南人非常重視教育，父母從小送孩子去補習，希望子女能接受高等教育以脫貧，人力素質符合我們的要求，人才容易培養，便適合深入扎根。」

甚至，由於台灣科技業成為電機人才首選行業，電機工程人員往往招募不足，為了解決這個困境，中鼎便在越南培養電機和土木方面的設計人才。自2001年成立中鼎越南以來，當地幾乎成為集團的設計人才庫，近年來更將中鼎越南定位為第二設計中心，為母公司工程技術部門解決人力不足的問題。

有條件地設立永久辦公室

不過，有適合長期扎根的地方，也有不適合的，此時便要做出抉擇。

「像中東，什麼都要靠進口，人力、材料之外，連礦泉水也進口，很多無形資產留不下來，」余俊彥指出，進口人力往往較缺乏向心力，不利公司營運，自然也不適合設立永久辦公室，「中鼎嘗試多次在中東扎根，最終還是放棄在當地設立永久辦公室。」

正因如此，中鼎海外拓點的開端，儘管可追溯至1981年相繼設立的中鼎阿拉伯和中鼎新加坡，但都是任務性質的辦公室，後續的馬來西亞，中東的阿曼、卡達等海外據點亦然。而目前在中國大陸的北京、上海，以及泰國、越南、印尼、印度、美國等子公司，才有合適的條件設立永久辦公室。

進軍星馬，踏出海外統包第一步

中鼎與JGC合作承攬SRC公司的煉油廠工程專案在1986年結束後，觸角延伸到電廠，中鼎在1987年承攬新加坡公用事業局聖諾哥電廠的油槽區擴建專案，負責儲油區與輸送管線工程。

「這是中鼎在新加坡的第一個大型統包工程，」中鼎前副總經理廖文忠當時是新加坡煉油廠專案經理，他在《我的傳記三部曲》中提到，這個專案讓中鼎踏出統包的第一步。

不過，中鼎在1994年標得SRC公司的重油裂解管線工程後，當地煉油石化業一直沒有新的工程推動，中鼎也只能暫時沉寂，直到近十年後才再次踏入新加坡市場。

2011年，中鼎與中鼎新加坡聯合承攬新加坡捷運標案，包括濱海市區線（Down Town Line）第三階段、湯申－東海岸線（Thomson-East Coast Line），以及卡利巴株（Gali Batu）機廠擴建案等三條捷運軌道工程案，將在台灣捷運交通的經驗成功移植到新加坡，開啟軌道事業進軍國際的新里程碑。

馬來西亞的經驗，亦值得記上一筆。

自1983年中鼎馬來西亞成立，即深耕煉油石化市場，並跨足參與電廠工程建設；到了2011年，該公司承攬馬來西亞沙巴的Kimanis複循環機組電廠統包工程，金額達3億美元，換算將近新台幣100億元。當時擔任建造經理的中鼎高科技設施工程事業部主管彭俊賓說：「那是中鼎第一個海外非石化的統包案，讓中鼎在國際複循環電廠統包市場建立知名度。」

2014年，中鼎取得13億美元的Petronas重油轉化專案，讓中鼎在馬來西亞及亞洲地區統包工程領域創下新里程。

其中，廢熱鍋爐設備模組化工程是P1專案[12]中的重要工程項目，兩個重達2,000公噸的模組化廢熱鍋爐在台灣先行組裝，於2016年年底從台灣如期運抵馬來西亞工地安裝，不僅大幅縮減工期，更為中鼎模組化預製工程技術再創新猷。

京鼎，儲備推進中亞與南亞的實力

中國大陸是中鼎布局亞洲的另一個重要據點。回溯歷史，中鼎進入中國大陸市場已超過三十年；成立於1993年的京鼎工程建設，在集團海外公司中表現優異，是中鼎百分之百持股的子公司，目前員工數超過六百五十人，而一開始就加入京鼎的張鐵石後來便成為京鼎董事長。

「當時，為了落實扎根的決心，也為了安定員工的心，中鼎決定在當地置產，」余俊彥說明，工程公司如果沒有廠房、設備等資產，可以說走就走，但京鼎在北京、上海都買了自己的辦公大樓，在北京更是選擇了二、三環中間的菁華地段，購買一萬平方公尺（約三千坪）左右的大樓，就是要讓員工覺得有根。

「京鼎的主要客戶是台商、對智慧財產權要求嚴格的外商，以及大陸私人企業，在這些企業眼中，京鼎是表現非常好的工程公司，從設計、採購到建造，可以全部包辦，」余俊彥自豪地說。

事實上，京鼎曾在俄羅斯成功承攬對苯二甲酸

中鼎於海外市場開枝散葉之際，在國內市場也持續拓展，積極尋找新趨勢與新機會。

（PTA）、聚對苯二甲酸乙二醇酯（PET）等基礎設計工程，在土耳其有執行SASA公司的苯二甲酸（PIA）、印度RIL[13]公司對苯二甲酸等專案的經驗，多年來累積了豐富的設計和建廠實力。

「京鼎將跟隨母公司進軍國際市場的策略，向中亞及南亞國家推進，例如：哈薩克、土耳其、印度等，並藉此強化跨國管理能力。這樣一來，又將再次提升京鼎的國際競爭力，創造更大的營運效益，」李銘賢對京鼎深具信心。

布局美、印，切入高科技領域

隨著近年中鼎布局高科技業的動作，加上全球供應鏈生態的改變，在海外市場持續擴張版圖，擁有先進科技實力與優異數理能力的美國，以及快速發展的印度市場，自然成為中鼎近年來的重心。

早在2010年時，中鼎便在美國設立公司，但是直到2017年取得台塑在美國工廠的設計與統包案，才正式拿下在美國的第一個統包工程；接著，中鼎於2018年承攬GCGV在德州墨西哥灣的世界最大模組化單乙二醇（MEG）工廠，合約價值達10億美元。

有了成功案例在手，中鼎握有更多籌碼，積極擴張成長，其中又以2020年增設的高科技設施工程事業部為最。事實上，自從宣示進軍高科技事業，中鼎的海外布局策略即已隨之調整，而成功拿下亞利桑那州半導體龍頭專案，更讓中鼎美國的營運徹底改觀。

至於印度市場，中鼎印度成立於2008年，提供從工程規劃、設計、採購、建造到試車的一條龍統包工程服務，2009年即攜手母公司中鼎，承包ISRL[14]在Panipat的丁苯橡膠（SBR）業務，並在六個月內完成基礎設計與成本估算工作，合約金額約140萬美元。

此外，中鼎與中鋼印度公司的合作，也是另一項重要成果。2012年6月，中鼎印度以統包形式承攬了中鋼印度在Dahej的退火塗覆線（ACL）專案，工期二十九個月，合約金額約1億美元。

「台商在當地的布局，為中鼎帶來許多商機，」余俊彥樂觀預期，未來跟隨台商高科技業者的腳步，深耕美國和印度兩地市場，業務開拓的效益會逐漸顯現。

不過，中鼎持續開枝散葉的過程，並非僅著眼海外市場，「海內外並進，強化集團組織結構，是我設定的變革目標，」余俊彥在1998年升任中鼎總經理之後，積極尋找事業機會。

掌握以廢轉能的趨勢

八〇年代台灣都市化發展迅速，垃圾大量增加，對環境造成壓力，引爆「垃圾大戰」；經過近十年時間，1991年環保署[15]訂定「焚化為主、掩埋為輔」的主軸，由中央政府統籌主導，積極尋求國外先進技術，同時推動地方政府興建垃圾焚化發電廠。

這樣的政策發展方向促成環保產業的發展，也為城市永續奠定了基礎，而中鼎是全台最早響應政府並實際參與焚化廠工作的工程公司，且在九〇年代逐漸延伸觸角到焚化廠及廢棄物處理業務。

在廢轉能的趨勢下，中鼎逐步打下基礎，包括承攬環保署大型都市垃圾焚化廠規劃設計監造的工程顧問工作、取得國內都市大型垃圾焚化廠首例採公有民營經營型態的新店垃圾焚化廠操作營運工作，以及國內第一座由國人主導的高雄市南區垃圾焚化廠統包工程興建工作等；到了1999年成立崑鼎，當即有所斬獲。

「我們成立的第一年，就奪下國內第一座BOT大型垃圾焚化廠——台中烏日焚化廠的興建營運合約，」資源循環事業群執行長、崑鼎董事長廖俊喆自豪地說。

這份自信是有所本的，因為「這意謂中鼎已從統包工程服務拓展到前端的投資經營，也延伸到後端的操作營運，同時發展出廢棄物清運調度管理業務，並跨入兼具發（售）電的能源經營，與以往不可同日而語，」他補充。

更值得驕傲的是，跨界固然代表多角化發展的成功開展，但如果沒有做好萬全準備也難以接下這顆球，而中鼎做到了。

「這些工作需要的經營思維與工程服務截然不同，

從財會專業、管理制度、技術人才、資金募集和風險評估等，都要重新學習，」廖俊喆回憶，當時，崑鼎必須考量的面向多如牛毛，政經環境、產業趨勢、環保法規、民眾環保意識……，「還好，中鼎的決策高層高瞻遠矚，認為將垃圾（廢棄物）轉換為能源（電力）將成為趨勢，再困難也要設法克服，不能退縮。」

不過，要在這樣的市場機會勝出，必須具有工程專業技術基礎，還要能夠在這個基礎上運籌，由投資層面切入帶動統包工程及操作營運共同發揮綜效，廖俊喆笑著說：「沒有比我們更合適的了！」

崑鼎，環保綠能控股上櫃先驅

「中鼎不僅要積極參與，更要藉此成為環境和社會的守護者，提升國內環保形象、保護民眾健康，」廖俊喆在自豪之際，也沒忘記集團高層念茲在茲的企業社會責任。

正因如此，崑鼎自創立以來就瞄準環保綠能產業，持續推動創新研發、智慧應用，形成企業的核心競爭力；而在目標釐清之後，組織的變革隨之啟動。

首先是崑鼎以投資控股型態，將原集團內相關環境資源屬性子公司，如：信鼎、暉鼎等均納入旗下，並以專業的投資開發經營及操作營運服務拓展業務、創造價值，之後更在2010年5月上櫃，成為國內第一家上櫃的綠能環保控股公司。

緊接著，中鼎在2017年賦予崑鼎全新品牌「ECOVE」，以「珍惜每一分資源」的理念拓展業務及服務範疇，奠定集團在台灣環保產業的先驅地位，並以最具市場影響力的資源管理服務企業自許。

2023年，崑鼎更名為「崑鼎綠能環保公司」，藉以宣示在綠色投資、綠能產業、資源循環事業永續經營的決心。

「我們自主研發智慧化管理系統，善用大數據，近年更著眼於人工智慧、物聯網（IoT）等技術應用，同時整合自主開發的專利技術，提升營運效能，」廖俊喆表示，2023年崑鼎處理廢棄物逾245萬公噸，發電量超過13億度，可供逾35萬戶家庭使用。

此後，崑鼎持續開創先河，例如在再生能源領域，配合政府多元化能源發展政策，綜合海內外共擁有逾百座太陽光電廠100%所有權和經營權，成為國內少數可提供投資、開發、建造、營運到綠電交易一條龍服務的業者；此外，在美國的蘭伯頓太陽光電電廠（Lumberton PVPP）專案，崑鼎成為獲得美國 Green-e® Energy 認證方案的首家台灣業者。

在資源回收再利用領域，崑鼎也展現了優異的成果。例如2018年成立耀鼎公司，協助高科技半導體製程產生的廢異丙醇（W-IPA）再生為工業級異丙醇（IPA），重新回到市場使用，2023年處理廢溶劑逾1萬6,000公噸。另外，崑鼎也積極擴大水處理業務，協助水處理廠的營運與維護，2023年污水處理量達7,500萬公噸。

如今，崑鼎發展蓬勃，業務範疇以廢棄物處理及售電為主，各占營業收入逾三成，觸角也從台灣延伸到包含澳門在內的大中華區、東南亞、美國等地，提供各種資源循環服務。根據崑鼎2023年年報，營收達76億餘元，每股盈餘16.36元。

洞見趨勢，迎接智慧科技時代

洞見未來趨勢，在迎接智慧科技時代的大道上，中鼎更不曾缺席，以新鼎、益鼎、萬鼎三家公司，在市場嶄露頭角。

新鼎的源起，是中鼎在1987年時投資新台幣2,000萬元創立新鼎儀控系統，主要經營電腦、通訊、控制相關的設計及系統整合、資訊軟體工程；1999年，新鼎儀控更名為新鼎系統，以工程整合及智慧服務為業務範疇；2002年，新鼎系統成為軟體業上櫃公司，也是中鼎第二家股票掛牌公司。

益鼎，是1980年中鼎和美商Ebasco Services共同投資設立，起初是為了爭取核能發電廠的業務，但因核能電廠計畫受阻，外資退出，中鼎成為益鼎主要股東，開始轉向積極爭取電廠及高科技電子廠的業務。

萬鼎，前身是1984年成立的中鼎探勘工程，原本是為承攬中油探採石油相關業務而成立；之後，為拓展土木建築相關業務，於1988年改名萬鼎工程服務公司，以支援中鼎土建工程等業務為主，至今已有四十年歷史；到了2021年，新鼎收購萬鼎股權，成為新鼎百分之百持股的子公司。

「萬鼎是全台灣第一家，同時擁有技術顧問執照及營造廠執照的公司，」智能事業群執行長吳國安於2015年自公職退休後，獲延攬擔任萬鼎董事長，他提到，當時萬鼎正面臨轉型再造的時刻，看好模組化、預製時代來臨，於是重新定位萬鼎。

「萬鼎轉型做鋼構預鑄的業務，將可提升中鼎工程承攬的競爭力，」余俊彥進一步說明，「萬鼎剛開始只做中鼎發包的生意，就足以支撐預鑄業務的營運，等公司站穩之後再到外面尋找機會。」在可減少現場勞動力需求和成本的模組化預製工程設備成為趨勢下，他看好萬鼎的未來發展。

更重要的是，對中鼎來說，「這三家公司專長互補，」余俊彥說明，結合工程統包能力和先進的資通訊技術，聚焦台灣內需市場，以製程儀控、系統整合、智能應用、高階無塵室機電工程，以及建設開發等為主軸，發揮建築結構、機電空調、工業自動化與機電控制系統整合的技術優勢，未來將朝向智慧製造、智慧交通、智慧建築、智慧園區等業務方向，以提供各式智慧應用解決方案的服務發展。

「新鼎、益鼎、萬鼎可以組成專案團隊，自行承攬業務，」吳國安補充，這三家公司從2021年到2024年，每年累計簽約金額都在百億元以上，營收也從不到40億元成長到近百億元，成為中鼎旗下另一個穩定成長的事業領域。

蛻變中的中鼎化工

1999年，中鼎化工成立，「當時我是中鼎總經理，看見台塑麥寮六輕煉化一體整廠設計完成，且其中重油裂解、氫氣工場、重油加氫脫硫、輕油裂解等主要生產工場建造工程也將陸續完成，那是相當重大的指標型工作，應該要持續深化客戶關係，延續工程結束的後續服務，」余俊彥回憶起成立中鼎化工的緣起。

成立之初，中鼎化工的主要業務是代理美國Baker Petrolite的化學添加劑產品，鎖定台灣中油及台塑石化兩大企業的製程添加劑，提供化藥及技術服務；隨著時間推進，當時原代理Baker Petrolite的榮技公司因此成為中鼎化工的股東。

2014年，中鼎化工評估原先租用的廠房已老舊不敷使用，向集團提案希望能夠購地自建、廠辦合一。對於這樣的想法，余俊彥大表支持，而中鼎化工也沒有辜負他的期待。

2017年，中鼎化工購地自建的虎尾辦公室竣工；2020年，在桃園工業科技園區的辦公樓及工廠完工啟用。近年來，技術中心發揮研發效率，建立自有品牌、完善供應鏈、取得ISO 9001/14001/45001，以及全國認證基金會ISO/IEC 17025等認證，朝向成為全方位解決方案供應商之路邁進。

隨著市場發展及業務擴充，中鼎化工的領域開始轉化，陸續研發自主配方型特化產品，並擴大貿易代理組織，經營各類國際優質具競爭力的觸媒產品，例如：中石化的碳三、線性低密度聚乙烯、乙苯脫氫、烷化；駿飛的硫磺回收及一氧化碳（CO）氧化觸媒等，同時與國際大廠TNK合作，提供加藥系統設備及化藥等服務。

這些成果，除了對內提供集團所需產品以提升綜效，對外也提供台塑、台塑化、台化、奇美、國喬、李長榮等企業各類特化品添加劑服務。

善盡企業公民責任

中鼎化工不斷持續成長，甚至擴展到煉油石化以外的領域，例如：改善環境資源的活性碳、飛灰重金屬螯合劑及固化代操作、水資源處理藥劑、小蘇打等專業化藥供應服務。

而隨著大型資源回收焚化廠產業蓬勃發展，中鼎化工從初期提供集團資源循環事業群所需要用來吸附戴奧辛的活性碳、捕捉反應灰中重金屬的螯合劑、鍋爐水藥劑等開始，成功推廣到國內焚化廠市場，達到80%的市占率。

2022年，因應環保趨勢變化，中鼎化工在第一時間設置小蘇打混摻裝卸設備，適時滿足了業主對去除煙道酸氣的小蘇打需求，「我們一直在努力，希望能持續為台灣的環境保護，盡一份企業公民的責任，」余俊彥強調。

在精益求精的道路上，因應中鼎進軍高科技事業的腳步，中鼎化工也設立了高科及新化藥組，借力使力追蹤潛在商機。目前，已陸續取得多家台灣知名半導體大廠廢水及廢氣處理系統的特殊活性碳訂單、除銅劑和除氟劑等化藥測試訂單，以及南科再生水廠化藥供應等合約。

「中鼎化工2023年營收達到7.3億餘元，每股盈餘15.17元，」余俊彥說，「未來希望持續透過多角化經營、拓展新事業新領域、跨足海外市場，更上一層樓，朝上市／上櫃邁進」，有朝一日，這個小而美的公司，會蛻變成為國際型特用化學品技術服務團隊，余俊彥對此深切期待。

俊鼎，機械廠脫胎換骨

2000年之後，中鼎在國內不斷擴張改革，這個時期格外值得一提的是俊鼎。它原本是機械廠，於2007年獨立為中鼎的子公司，後來轉型成為台灣離岸風電基礎產業水下基樁的領導廠商之一。

俊鼎的誕生，可以追溯到1975年。當時因應業務所需，中鼎成立機械設備製造工廠，即是俊鼎的前身。該廠坐落於高雄大社工業區，和比鄰的林園工業區可說是南台灣的石化重鎮，而正因為有了自己的機械廠，使得早年中技社承接中油及各石化廠興建工程，需要機具設備或汰舊換新時，都能自製供應客戶。

只不過余俊彥認為，應該可以做得更好，於是為了活化組織、提升績效，他決定分拆業務。2007年，他將機械廠獨立，成立俊鼎公司，由成本中心改為利潤中心，營運自負其責。

此後，除了生產製造各式塔槽、儲槽、熱交換器、反應器等設備，俊鼎也承接石化、煉油、特用化學、一般工業的新建或去瓶頸產能擴充工程，已可算是一家中小型統包公司。2012年時，俊鼎更設立維修事業部，積極爭取為各大煉化廠提供整廠定檢、總體檢、維修保養、去瓶頸等專業服務。

「這是一種策略運用，」余俊彥坦言，台灣很多舊有的工廠需要小修改或優化，但案子規模較小，不適合由中鼎去做，可是「如果我們不去做，對手就進來

中鼎透過整合海內外子公司的資源，成功以集團資源、在地服務創造與對手的差異化，提供客戶更國際化、多元、靈活的服務。

了。」簡單來說，就是透過策略性占領市場空間、創造進入壁壘，從而有效防堵對手進入，因此就可以由規模相對較小的俊鼎去做，更靈活、也更有競爭力。

不過近年來俊鼎也在轉型，開始進入離岸風電產業，從2019年起，陸續承接雲林允能離岸風場水下基礎轉接段製造工程、彰芳暨西島離岸風場水下基樁製造工程，以及中能離岸風場水下基樁製造工程，並新設大林廠，生產製造水下基樁，成功開創首批國產離岸風機設備製造里程碑。

經過多年努力，俊鼎在海上風電已做出實績，從2017年至2023年營收成長147%。余俊彥欣慰地說：「組織改變了，效率就出來了，員工也有向心力，俊鼎現在是個績效很好的公司。」

持續創造差異化

深耕在地，深化事業，中鼎在台灣及世界勇敢面對挑戰，承攬多種類型的專案，海外足跡遍及中東的沙烏地、約旦、阿曼、卡達，東南亞的新加坡、泰國、馬來西亞、印尼、越南，南亞的印度，以及中國大陸、美國等地，目前擁有在超過十個國家、設有約五十家關係企業的事業版圖。

「目前集團營收幾乎一半來自海外，未來也將持續強化海外據點執行統包工程的能力，加速拓展海外業務，兼顧國際化發展並貼近當地市場需求，」集團副總裁楊宗興樂觀地表示。

從財務報表來看，2023年中鼎市值已近700億元，集團合併營收達新台幣1,035億元，其中大約一半來自全球各地、各事業群的子公司，「小中鼎」充分發揮聚沙成塔的力量。

透過整合海內外子公司的資源，極大化這些公司在地化、專業化的優勢，中鼎成功以集團資源、在地服務創造與對手的差異化，提供客戶更國際、多元、靈活的服務，征戰全球。

注釋

1. PTT（泰國國家石油公司）旗下液化天然氣公司PTTLNG投資建造的第二座液化天然氣接收站工程。
2. 義大利國營能源集團ENI（埃尼）公司旗下子公司。
3. Thai Oil Public Company Limited，泰國國家石油公司旗下子公司。
4. 在天然氣、汽油、燃油或石化原料（如：異丙苯）已分餾出之後、加工或燃燒之前，去除其中含硫化合物的前處理。
5. Vinyl chloride，工業上大量用以生產聚氯乙烯（PVC）的單體。
6. 生產聚酯產品的主要原料。
7. Acrylonitrile（丙烯腈）、butadiene（丁二烯）、styrene（苯乙烯）的共聚物，是常見的塑膠材料。
8. PTT Public Company Limited，泰國國家石油公司。
9. PTT Phenol Company Limited。
10. HMC Polymers Company Limited。
11. PTT Asahi Chemical Company Limited。
12. RAPID Package 1 RFCC, LTU, PRU Project，簡稱P1專案。
13. Reliance Industries Limited。
14. Indian Synthetic Rubber Private Limited。
15. 2023年8月22日升格改制爲環境部。

第五章

看看別人，想想自己

「昨天在家裡沒事，我就發了一個題目給EXCO[1]，」余俊彥輕鬆地說。

採訪前一日，一個尋常的週日，下雨天，余俊彥沒有高爾夫球球敘。集團決策中心成員十一人小組的LINE群組出現一個YouTube連結，是一則標題為「世界首富馬斯克到底有多可怕？」的影片，介紹特斯拉電動車創辦人馬斯克一手打造出九大創新事業。

不前進，下一步就是滅亡

「我要大家一起看看影片，想想自己，思考我們要怎麼運用高科技創造新的事業。」

「我經常隨時隨地出考題，要給壓力，大家就會去想⋯⋯」

余俊彥口中的「大家」就是集團決策中心成員，包括集團總裁余俊彥、集團副總裁楊宗興、中鼎美國董事長陳裕仁、工程事業群執行長李銘賢、智能事業群執行長吳國安、資源循環事業群執行長廖俊喆、集團總管理處執行長李定壯、工程事業群副執行長李民立、工程事業群副執行長蔡國隆、工程事業群副執行長鍾士偉，以及高科技設施工程事業部主管彭俊賓。

「這是身為經營決策高層的責任，我們要帶著部隊往前走就要創新，每天都要進步，」言談中他點出，中鼎能獨霸台灣工程界、成為第一的關鍵，就是持續不斷進步、創新。

「如果不往前走，不只是後退而已，而是滅亡，」余俊彥語調鏗鏘一再強調，面對世界級高手環伺，高階領導者的重要任務，就是要帶領公司朝正確的方向和目標前進。

2024年元旦連假三天，李定壯剛起床，打開手機就看到余俊彥在早上六點傳來的LINE訊息，原來是參加球敘的他在開球前就交辦了一些事情；十點多，李定壯又收到另一則訊息：「請人資上網看看，外界如何評論中鼎的薪資水準及離職率，並安排簡報。」

「總裁在報章雜誌上看到什麼，或跟人打球、應酬時聽到什麼，他回來就會跟我們說，提醒我們要學習別人的優勢，不好的就要引以為戒，」李定壯說。

余俊彥是天主教徒，但是為了不錯過週六假日的球敘安排，特地把望彌撒的時間安排在每週五早上六點半，請一個小時休假參加。對他來說，高爾夫球場不僅可以運動，也能在那裡建立人脈資源，還可以蒐集、累積、啟迪許多決策思考和創意的點子。

隨時關心與公司有關的訊息，每天都在思考集團發展的方向，是余俊彥數十年來養成的習慣。

余俊彥相信：成功無法複製，但失敗可以避免，記取別人的教訓，避免重蹈對方失敗的經歷，距離成功就更近一步。

「看看別人，想想自己」是余俊彥經常掛在嘴邊的「金句」，也是他訓練經營團隊思考力的法寶。而激發這個思維的，是三十餘年前他在哈佛商學院三個月的學習之旅。

進入哈佛殿堂的學習之旅

1991年年初，余俊彥飛抵美國波士頓。這是他第一次專程為了進修而踏入美國，在學術殿堂哈佛大學商學院修習三個月的高階管理研究班課程。

「一天三個個案，前一天要先預習讀完，很多不認識的單字就猛查字典，常常奮戰到半夜。教授還開一堆課外書單，起先還很認真找書看，後來不看了，因為沒時間……」

余俊彥說著，思緒回到三十三年前的哈佛校園。

「一棟宿舍（can）住八個人，一早六點起床吃完早餐後，七點鐘開始can discussion（宿舍討論），把前一天研讀的個案拿出來剖析、分享，每個人都要發表看法……」上課前，余俊彥與室友花一個鐘頭討論完畢，準備上場應戰。

「哈佛商學院的階梯教室可以容納數百人，教授在講台上述說某某公司發展的故事，有時隨機點名，引導同學討論、發表看法，被點到的人則要分析該公司為什麼存或亡、何以發達或沒落……，充分表達自己的觀點和意見，」余俊彥回憶。

每天，都必須扎實下功夫研究三個個案，因為「從台灣去上課的只有我一個人，如果講不出個所以然，會很丟臉，」余俊彥說，更何況，三個月學費加上住宿3萬美元，折算新台幣近百萬元，費用由公司全額支付，縱使沒有人逼迫，但強烈的責任心驅使，他知道自己必須認真、專心學習。

下午，通常是名人講座，「國際知名的管理學大師波特（Michael E. Porter）、蘋果電腦執行長史考利（John Sculley）都曾受邀演講，會場擠滿了人。我英文沒那麼好，有些似懂非懂……」

每天早上六點起床、晚上近十二點睡覺，過著求知若渴、充滿熱血的日子，余俊彥至今仍記憶猶新。而這段經歷儘管辛苦卻收穫滿滿，也讓他更加確信學習的重要，成為他後來成立中鼎大學的重要推力。

從個案研究累積心得

「一天三個案例，三個月就討論了一百多個案例，紅花鐵板燒（Benihana）、沃爾瑪、西南航空、英特爾、杜邦……，各行各業的國際大公司，包羅萬象。那些資料我全部都從美國扛回來了，」余俊彥指著辦公室一角的書櫃，裡面一字排開、整齊有序的十幾個紅色硬殼檔案夾，裝訂著他當年上課的資料和筆記。

翻開那些保存逾三十年泛黃的A4紙，印著英文的一個個案例講義上，有各式色筆畫線的重點，有些單字標注著中文；還有用原子筆工整書寫的英文報告，部分夾雜著中文的上課心得……，字字句句都是學習的寶藏。

檔案夾的背面，清楚寫著授課教授和課程名

稱，說明當年他在哈佛修習的重要學科，例如競爭與策略（competition and strategy）、生產與營運管理（production and operations management）、公司財務管理（corporate financial management）⋯⋯，當年埋頭修習的課程，如今都成為中鼎公司治理的深厚根基。

由於是第一個取得公費到哈佛進修的員工，余俊彥回國後，在每週一召開的高階主管例行會議中報告進修心得。

一開始，他以紅花鐵板燒為例，介紹這家1964年在美國紐約曼哈頓開設的鐵板燒店，以直接在客人面前烹調的創意料理方式，吸引嘗鮮的客人青睞，分析它和傳統餐廳的差異，包括服務、餐點、食材、服務人員、餐具及飲料等，分別有哪些成本上的優劣、特點及創意。

「台下坐著王國琦、童亞牧、林日東、斯蓓、林秋景⋯⋯，都是當時的決策中心高層。我也想像教授一樣掌控全場，一會兒跑左邊、一下子向右側，」一邊說著，余俊彥不禁莞爾，「二十分鐘的簡報，我熱血沸騰，恨不得把在哈佛所學一股腦兒傾囊而出。」

最後，他從許多個案盛衰起落的歷史為殷鑑，深入探討分析，並指出公司哪些地方做得不好、有哪些不足，管理階層應如何改進、未來要如何因應。

「報告完畢時，童亞牧看著我說：『你今天講的，好像都是對著我講啊！』」童亞牧是當時的總經理，一句話讓余俊彥捏了一把冷汗，才意識到自己的簡報建議太直白。

換位思考，找出關鍵成敗因素

不過，三個月的學習之旅也確實打開了余俊彥的視野，啟發了不同的管理思維，也提升了決策思考的能力。

譬如從個案探討中，他開始學著設身處地、換位思考：「個案中的領導者做了什麼決定導致公司興盛或敗亡？如果我是他會做什麼決定？會不會做相同的決定？成功或失敗之處，是否值得中鼎借鏡？」

哈佛回來之後不久，余俊彥即升任協理。藉由經常換位思考「如果我是決策者……」的練習和養成，讓他後續接任副總經理、總經理、董事長等高階主管時更游刃有餘，面對不同的權力和責任也能有不同的視野和決斷能力。

借鑑合作夥伴，規劃跨領域發展

「我去哈佛上課時，教授第一天就說：『這裡的許多案例，有成功、也有失敗，你們體會以後回去可運用在公司組織管理，但不要複製，複製一定失敗！』」

教授的一席話讓余俊彥了解，「全世界沒有一個商業模式可以複製，你看人家做得不錯，回來想複製就糟了，每個公司的背景和成功原因都不一樣，」可是，「成功無法複製，但失敗可以避免，」他從中學習到，記取別人的教訓，避免重蹈對方失敗的經歷，距離成功就更近一步了。

1996年年末，余俊彥升任副總經理，履新後他經常拜訪國內外業主、合作夥伴及競爭對手，學習他們的優點、增強自己的實力。當時他探訪了Chiyoda，那時Chiyoda面臨營運虧損，組織異動，各級主管換新血，他分析當時的情況：「Chiyoda因競爭力不夠，以削價得標，因而造成虧損。」

「企業經營首先必須能夠生存，再進一步要在市場占有適當的地位，之後更要不斷成長，一旦成長停滯就會失去優勢……」種種跡象讓余俊彥看到警訊：中鼎的海外競爭力需要加強。

面對大環境的變動，余俊彥深信，企業的生存之道就是要比對手更快速提升競爭力。

在1998年接任總經理、2001年升任董事長後，

師法可敬對手的戰略優勢，變成中鼎贏的策略，讓中鼎在國際征戰中擁有堅強的實力。

他大刀闊斧落實變革和組織調整的想法，日後形成工程、資源循環、智能三大事業群及一個總管理處的組織架構。

直到今日，余俊彥仍經常提醒自己和經營階層，養成汲取別人成功經驗、記取失敗教訓的習慣，以做為借鏡，一步一步將中鼎推向頂峰。

打造A-Team，建立CAP採購供應鏈

「它山之石，可以為錯……它山之石，可以攻玉。」出自《詩經・小雅・鶴鳴》，這首詩文意指借助他人的成功經歷可以汲取優點，自我砥礪、琢磨成為玉石。而余俊彥不斷透過提問，藉由他人的經驗、創意，讓員工透過分析問題、尋找解答的歷程，精進組織、創造差異、提升競爭力，也有異曲同工之妙。

建立CAP^2機制，即是一例。

台灣自行車兩大廠商——巨大、美利達，在邁入2000年之後，因面臨全球化激烈競爭，結合自行車零

件業者籌組A-Team產業大聯盟。

一時之間，巨大如何透過A-Team的強大供應鏈，迅速完成新款腳踏車開發、生產、上市的故事，吸引媒體爭相報導。這段故事，余俊彥也看到了。

「腳踏車界有A-Team，為什麼工程界沒有？我們的A-Team在哪裡？」有一天，余俊彥在會議上，對剛升任採購協理未久的陳裕仁連番提問，要採購部研究後提出簡報。

「每個工廠都不一樣，我們雖然也有供應鏈、有供應鏈管理，但是沒有辦法像做腳踏車一樣，有固定零件……」陳裕仁簡報時試圖解釋產業特性的不同。

「人家做腳踏車，難道鏈條不用三家比價？他怎麼知道買的都是最便宜的？怎麼估算成本？為什麼巨大還是有競爭力，可以做到世界第一？」余俊彥連珠炮式回問後：「我們為什麼還要先比價？一定有特別的方法可以不用再比價。你再去研究，下次再來報告。」

一再被打槍，陳裕仁於是帶著採購團隊腦力激盪：「中鼎在工程上需要的採購項目，有哪些產品、什麼樣的零組件可能有供應商聯盟的概念？」在採購清單中一一分析、解構，從主要業主評價合格的供應廠商中，再搜尋出各類別中最有競爭力的一家業者。

陳裕仁印象深刻，找到的第一個產品是控制閥，後來逐步拓展到其他品項，中鼎在2015年開始啟動CAP機制，與廠商簽訂框架協議，建立長期的合作夥伴關係。

保證採購共創三贏

「建立CAP機制，是採購部門創新的表現，」余俊彥讚許這項創新機制可以減少人力成本、穩定物料價格、撙節成本，有助於提升效率和競爭力。

不過，中鼎的CAP模式到底是什麼？所謂長期合作又是如何運作？

一言以蔽之，就是中鼎之於供應商，雖然無法保證採購量，但是可以保證未來一定會向聯盟夥伴採購，但價格要凍結一年，一年後再開放競爭。

建立CAP初期，中鼎會先挑一張大單，找熟悉的、事先已查訪確認品管並認證合格的廠商，然後競標。但競標的不只是這一「單」，而是未來一年甚至兩年的訂單，等於做大供應商的餅。

「這種做法有不少好處，」陳裕仁指出，首先就是可以量制價。

對中鼎而言，因訂單量大，可以拿到有競爭力的價格，成為供應商的重要客戶，在交期、品質、售後服務等各個面向，都能有更大的發言權。

其次，對廠商而言，不僅訂單有保障，報價時供應商等於跟中鼎一起備標，只要一得標工廠就可以安排生產線，後續一、兩年的交期、備料、工作量，都能事先安排。

陳裕仁明白地說：「建立CAP有三大好處，就是又快、又好、又便宜。」只要一得標，中鼎的採購單位就知道哪些品項要跟哪個廠商買，不必每次重新比價，不僅能拿到最好的價錢，若量大還有特別折扣。

對中鼎而言，建立CAP採購供應鏈能讓廠商資訊透明化、採購流程標準化，以加快獲得設計資料、取得製造進度，強化供應鏈管理，不僅縮短下單時程、精簡採購作業、提升專案採購的執行力，也可與供應商建立長期穩定的合作關係，提升合作夥伴的價值。

這樣一來，不僅雙方互惠互利，對業主來說，未來長期售後服務只需要對一家廠商，又有利於事後的零件管理，形同是創造了中鼎、供應商、業主三贏的局面。

然而，要找到有共同理念、願意同步成長的供應商並不容易。余俊彥坦承，「一個是甲方、一個是乙方，一方想多省點錢、一方想多賺點錢，兩邊是既合作又對立的關係。」

以財務操作規避採購風險

要建立長期夥伴關係，需要經過一段時間逐步建立共識、累積信任，可是，「一旦成為CAP，我們就像在同一條船上，」余俊彥明白地說，大家必須一起面對風浪，承受物價波動的風險，因此CAP夥伴必須簽訂協議，擬定雙方都能接受的遊戲規則，一起照著遊戲規則走。

他以原材料中用量不小的電纜為例說：「我們的專案從投標到得標大概要半年，即使得標也無法馬上下單採購。」電纜必須經過設計，才會知道需要使用的規範與數量，也才能下單交予廠商製作，在這段時間就有價格上漲的風險。

由於電纜中的纜芯是由導電性能良好的金屬材料製成，例如銅、鎳、鋁等，以占較大宗的銅價為例，因價格天天波動，相對影響電纜價格走勢較大，因此如何鎖定銅價，減少變動風險，就是一門學問。

「我們透過倫敦金屬交易所（LME）[3]，把價格最敏感的銅先搞定，鎖定價格、鎖定風險，」余俊彥說。

投標時，中鼎會先估算這個案子大概需要多少公噸的銅，假設銅的市價是一公噸8,000美元，中鼎就用9,000美元價位投標，若得標時銅價一公噸還是8,000美元，就另以8,000美元買進期貨，鎖住成本，和9,000美元的投標價比較，會有1,000美元的價差。

製造電纜除了纜芯的金屬材料之外，還要加上包覆材料、人工加工成本等，只是這些項目的成本和物價波動較小，因此中鼎跟CAP供應商達成共識，約定以LME的銅價為準，再加上加工費用，做為電纜線下單的計價依據。

等到半年後細部設計完成，取得實際需要的電纜數量，中鼎採購部門就開始下訂單，若這時銅價市價漲到1萬元，供應商就以1萬美元購進，中鼎實付廠商1萬元，即使較投標價高出1,000元，但在LME把當時以8,000元買進的銅期貨賣掉，仍然取得1,000元的價差。CAP機制的建立可規避原物料漲價的風險，也大幅提高採購效率，成為中鼎提升競爭力的基礎。

靈活學習，從市場行銷開始備標

在統包工程領域，中鼎有一個強勁的對手，「以前只要SAMSUNG E&A一出現，對我們的威脅就很大，」

工程事業群副執行長鍾士偉直言。

但是，余俊彥希望改變這種情況。透過觀察，中鼎團隊研究發現，SAMSUNG E&A的成功除了靠韓國政府補助支援，對標案的做法也是一大特點——備標在行銷階段就開始，針對「戰略專案」集中火力、重押資源。

「所謂『戰略專案』，是指如果沒拿下就會失去市場優勢地位的專案，也就是勢在必得的案子，」鍾士偉解釋，一般專案是在投標時做基礎設計，拿到標案後才開始做細部設計，但「SAMSUNG E&A在備標時就把細部設計的重要部位做到位，取得精確的數量，贏的策略就是一開始便投入成本，拿掉數量估算不準的風險。」

以過去經驗來看，只要中鼎出手投標，平均得標率是二至三成，但對於勢在必得的案子就會特別挹注資源重押。由於公司資源有限，如何分配運用就非常重要，因此各事業單位會把將進行的標案全部攤在檯面上，審慎評估每個專案的重要性，看哪些專案屬於戰略專案，以提高平均得標率，「我們的目標是要拿到重要的、好的案子，而不是要拿到最多的案子，」余俊彥補充。

中油大林煉油廠第十硫磺工場統包工程投標，就是一個很好的示範。

當時該案預計2012年投標，中鼎便將它視為「戰略專案」。當時負責這個案子的鍾士偉說：「2011年，我們在備標時就把專案當作執行案進行，在基礎設計階段即花錢做3D建模，也就是從開始便做好細部設計，採購數量就可以估得更精準，而數量風險拿掉了，報價自然更有競爭力。」

鍾士偉提到，「專案金額大約是新台幣32億元，採最低價格標，最後中鼎得標，只與第二標有些微差距。」當時年僅三十六歲的他，因估價精準，專案也有獲利且提前完工，而備受矚目。

學習可敬對手規劃標案的模式，套用在團隊執行專案投標再精進的策略上，讓中鼎在國際征戰中，擁有可與SAMSUNG E&A媲美的競標實力。

師法SAMSUNG E&A的戰略優勢變成中鼎贏的策略，更讓SAMSUNG E&A從昔日的勁敵，因為中鼎的實力，變成今日的聯盟夥伴。

2023年年初，雙方共同得標中東卡達拉斯拉凡化工專案計畫中208萬公噸的乙烯廠統包工程，由聯合承攬團隊執行設計、採購及建造，而這筆高達25億美元的合約金額，更讓中鼎如登上天梯，直衝頂峰。

往深層思考，把產品變服務

擁有敏銳的觀察力，余俊彥經常會仔細觀察周遭的人事物，也習慣思來想去，而且會往深一層思考。中鼎化工的成立，即是他「想」出來的事業。

升任總經理後，有一天，他拜會時任高雄煉油廠總廠長李慶榮，認識在場的榮技實業董事長周秀麗，了解榮技是中油的供應商，專門代理美國Baker Petrolite化學品，供應煉油廠化學劑產品。

隨時都在思考、隨時不忘觀察的余俊彥，開始自問：「化學品和中鼎有沒有什麼關係？」、「代理進口化學品，左手進、右手出，只賺佣金很有限，可不可以把產品擴大變成一種服務？」

他進一步尋思：「如果變成服務的話，進口的化學品可以摻配成多樣的化學摻配劑銷售，創造自己的品牌，而且中鼎的客戶範圍廣泛，若業務一起做，效果應該更好。」

就這樣，余俊彥和周秀麗拍板定案，中鼎化工在1999年由中鼎與榮技合資誕生，進入特用化學領域，為煉油石化和環境資源產業提供完整的化學添加劑解決方案，販售的也不再是「Baker」品牌，而是「中鼎化工」的品牌；同時，角色也有所轉變，中鼎不再僅是中油的供應商，而是可以賣給各行各業需要化工添加劑的公司。

不過，「績效不是太好，」余俊彥說，他決定「砍掉重練」。

當時，余俊彥大力整頓人事，指派中鼎前煉油石化部門業務主管資深協理張文彬，接任中鼎化工董事長來領導團隊，以其多年來在煉油石化業建立的人脈衝刺業務，終於轉虧為盈。之後，總經理任樹平接任董事長，營運又更上軌道。

近年來，中鼎化工更積極進入高科技領域，例如生產的活性碳打入台灣國際知名的半導體大廠。余俊彥說：「中鼎化工花了一年多時間，經過一關一關檢驗、測試，合格後一口氣拿下五個工廠的訂單量。」

目前中鼎化工的產品銷售範圍，包括化學製程添加劑及催化劑，例如煉油及石化製程添加劑、環境資源改善的活性碳、水資源處理藥劑等，以及觸媒代理和貿易等業務。以中鼎化工年報來看，成績優異，事業發展可期。

製造業服務業化，創造不同商機

「任何新的東西一定會有新的商機，或能衍生新的商業模式，我們都可以思考看看有沒有機會進去，」余俊彥語重心長地說，「工程公司不只是做工程，也是服務業，我們要從各個面向思考，看能提供客戶什麼樣的服務。像中鼎化工是製造業，但製造業也可以『服務業化』，創造不同的商機。」

他以多年經營管理的經驗建議：「每天花半個鐘頭靜下來思考，是很重要的。」他也期盼，主管都能養成靜下心來思考的習慣，不要整天埋首在公文、檔案裡，「只要你認真想，一定會想到好的點子；好好思考，就會有收穫。」

余俊彥經常抽空聽演講，也鼓勵員工多聽演講或上課，「如果坐兩個小時能聽到一句受用的話，或者得到寶貴的想法，就值回票價。」甚至，他相信：「即使只是朋友之間的日常人際互動，只要認真、用心，都可能獲得啟發創意的靈感。」

注釋

1. The Executive Committee of CTCI Group，中鼎集團決策中心。
2. CTCI Alliance Partner，中鼎供應商聯盟夥伴。
3. London Metals Exchange，世界最大的非鐵金屬交易所。

第六章

上校團長制打破升遷瓶頸

中鼎集團第一總部大樓的17樓有個大型會議室，集團決策中心高層每個月固定在此召開圓桌會議。

這裡，也是集團總裁余俊彥和十幾位年輕新秀「每月一會」的地點。一個半小時的時間，他化身「集團導師」，面對面分享他一路走來的經驗和人生閱歷，以及近一個月公司發生哪些事、如何解決、決策中心做了什麼決策。

這些年輕的新秀，中鼎預計以十年時間，培養他們成為能夠獨當一面的經營管理人才。

近身調教，儲備關鍵人才

這是中鼎培育人才的方式之一，透過「導師與導生」（Mentor-Mentee）的機制傳承經驗。過程中，他們會先盤點集團中的關鍵職位，然後由各事業部門主管挑選出「High-Po[1]」及「Young-Po[2]」，建立人才庫（talent pool），做為關鍵職位的儲備人員。

「Young-Po池子裡大概有一百多人，會在其中再精選出十幾位Young-Po Plus，成為『與總裁有約』的導生（mentee），」余俊彥說。其他年輕菁英，則由決策中心高階領導者，如：董事長、總經理及事業部門主管，分別認養培訓。

除了當導師，余俊彥還會欽點Young-Po人才，帶在身邊當總裁特助一年，親自指導。這些雀屏中選的，都是各事業部門或關係企業所推薦表現優異、想要栽培的人。

余俊彥接任董事長之後，恰好原任祕書退休，他就未再配置專任祕書，辦公室門口即是總裁特助的位置，每年換一個人坐。例如，採訪當時的總裁特助劉易，就是原本在新鼎任職，後來被調派至高科技事業部負責業務工作，之後又在2023年調任為總裁特助，跟在余俊彥身邊學習。

「再優秀的人才，如果只待在特定部門，專注某些特定業務，學習的東西有局限，容易變成坐井觀天，」余俊彥說，所以「只要可以參加的會議、可以看的資料，我都盡量讓他聽、讓他看，包含我在外面演講也會叫他去聽。」

「只要用心觀察，每天記錄老闆在做什麼、發生什麼事、為什麼要做這個決定，就能從這些經驗、判斷和知識中學習。只要用心想，思考多了，他也會變成我，」余俊彥認為，經過這樣的培訓，一年後眼界就變寬了，等歸建回到原單位，職務升一級，同時擔負更重要的任務，可以快速培植人力。

不過，余俊彥覺得，這樣培養人才的速度，仍

中鼎透過外派和職務輪調機制培養通才，讓員工有不同的歷練，成爲未來關鍵職位的人才。

趕不上中鼎急速擴張的人力需求，加上好不容易培養的菁英有部分會被挖角，因此他要求董事長、總經理層級也比照這個模式，啟動培才訓練，讓更多有潛質的員工能提早進入培育計畫，以培養更多的人力。至今，經過特訓培養的高潛力菁英已有二十五人，最高職位已升為資深經理。

學習領導者的視野和格局

余俊彥親自帶人培訓，期盼傳承自己的經驗，加速世代交替的步伐，成就集團永續發展。不過，這種培才、育才的思維和做法，靈感從何而來？就要從他外派泰國成立子公司的經驗說起。

余俊彥受命到泰國成立公司，之後擔任中鼎泰國經理，那時他已年屆四十，一切從頭學起。

「剛開始連財務報表都看不懂，我就抓著會計人員問，不懂就問，細到表格每個項目是什麼意思？什麼是資產？什麼是負債？為什麼左邊和右邊要平衡？」

「還有人資、法務、公司章程、公司組織、管理準則等，也學會用更全面、更高的視角去思考問題。」

余俊彥說，以前擔任業務主管只要專心拚業務，那兩年工作角色的轉換，最大的收穫是快速學習如何管理一家公司。

可惜，中鼎泰國總經理任期僅有兩年，「還沒有完全熟悉當地市場、建立足夠人脈，為公司打下穩固的基礎前就奉派回國，接手的人要從頭來過，喪失很多無形資產，」余俊彥說。

因此，在他成為最高領導者後，即明訂外派海外公司經理及業務主管職最少任期五年，並提供家眷生活津貼、就學補助等，讓外派人員能安心就任，在海外穩定工作、生活，無形中也加強了員工向心力。

輪調、外派，加速培養通才

企業人才的能力和潛力同等重要，在中鼎，為了培育人才，也透過外派和職務輪調機制，讓員工有不同的歷練，目的就是要培養通才，成為未來關鍵職位的人才庫。

過去的工程訓練都是師徒制，「你跟誰，誰就教你，」余俊彥表示，以前是一個工程專案學一部分、下個工程專案學另一個部分，「這樣學效率很慢，有些工程一做就是十年，譬如林口電廠，但現在年輕人不會等你十年，學不到東西就跑了。」

為了讓員工有更多歷練機會並培養不同才能，中鼎的做法是不讓員工在同一個職位或任務待太久，訓練到一定程度，就提升他接任更困難的工作、肩負更重的責任，讓他在不同職位歷練，邊做邊學。

集團副總裁楊宗興從基層做到中鼎董事長的歷程，即是最好的例證。1991年他從建造部工地開始做起，先後歷任中油五輕統包工程、台電南部火力電廠廢熱鍋爐安裝工程，以及泰國HMC聚丙烯統包工程監工及施工主任；進入公司六年後，1997年升任台塑六輕統包工程工地經理，負責工地所有建造規劃、執行及試車等任務。

1999年楊宗興被調離建造單位，升任海外專案業務；2002年調升市場開發部副理，同年升任非石化業務二部部門經理，負責國內外所有電廠、焚化爐、煉鋼廠及高科技工程業務；隔年，完成簽約金額高達新台幣220億元。

傑出的表現讓楊宗興獲得拔擢，成為中鼎當時最大統包專案、台電大潭專案經理，那時候的他還不到四十歲。

就是如此這般，對於具潛力的人才，在培養未來關鍵職位接班梯隊時，中鼎會主動規劃將其輪調或外派，透過職務轉換或專業培訓，提升員工的視野與高度。這一點，在當年中鼎重點培植楊宗興時，再次獲得實證。

除不斷調整職務外，2001年他被公司選派赴英國接受專案融資訓練課程、赴香港接受行銷訓練課程；隔年，又獲選派參加第2屆青年領袖財經策略研習營；之後，公司又推薦他就讀台灣科技大學企業管理研究所EMBA（高階管理碩士班）。

2006年，楊宗興獲得第24屆「國家傑出經理獎」；之後一路獲得擢升，擔任電力專案部門主管、能源及環境資源專案部門主管、資深協理、副總經理、總經理、董事長，一步一履都是扎實的成長印記。

以實質回饋留才

另外值得一提的是，中鼎是國際級的統包工程公司，許多專案都在海外，員工身處異鄉的艱辛，曾經外派美國、沙烏地和泰國等地的余俊彥格外能夠感同身受，因此在福利制度設計上也會特別體恤、優厚外派人員，「像在中東地區的沙烏地、卡達或阿曼，津貼一定會比其他地區高，」他笑著說。

果然，對於外派人員的福利，例如海外津貼差距拉大、年終獎金加碼、優先升遷；原本外派人員一年休假一次的制度，逐漸改為每三個月一休，讓外派人員回國述職報告⋯⋯，種種措施讓離鄉背井的員工感受到公司的重視及照顧，並且能夠得到實質回饋，也更有利中鼎的用才與留才。

雙軌職涯適才適所

傳統「師父帶徒弟」的師徒制，可以親自傳承不易訴諸文字的經驗或技術，但組織階層就像金字塔，上面的職級沒有出缺，底下的人便很難往上升。

1990年進入中鼎的高科技設施工程事業部主管彭俊賓，從土木工程部工程師做起，當時看到主管在公司待了十五年還只是組長，一度對於升遷前景產生疑慮；工程事業群副執行長鍾士偉也說，他曾在工地看到，有些前輩到五、六十歲仍是工地主任或經理。

那麼，為什麼他們能夠晉升到如今「總」字輩的位階？這就要歸功於中鼎有一套獨特的人才養成模式——上校團長制。

所謂「上校團長制」，其實就是雙軌職涯制度，專業職級和管理職級雙軌並進，讓員工升遷不受阻礙。

「有人專業技術能力很強，但不善於管理人，只能單兵作戰，就只當上校，不用當團長，同樣職級領同樣的薪水；如果技術能力強，又會帶兵，就擔任團長，多了團長的加給，」余俊彥解釋，這樣的制度設計，「可以讓每個人的升遷管道不會被阻擋，大家一起往上走，不會有金字塔瓶頸。」

不論是當上校還是團長，員工都可以依個人職涯規劃，適才、適性、適所選擇。而且，透過職務輪調制度，「團長當了三年，也可以回去當上校，換另外一個上校來當團長，這樣多培養幾個通才，我們也能有更多領導統御的人才，」余俊彥說。

另外，中鼎還有一套「關鍵職位養成計畫」。

所謂關鍵職位，包括各事業部門的中高階主管、部門經理，甚至是子公司總經理等。每個關鍵職位都必須先選定三個候選人，各級主管擔任教練（coach）及導師的角色，並且啟動訓練；經過一段時間的養成，等待時機和資歷成熟，一旦有職務出缺，就從候選人中挑一個接班。

在中鼎，每個高階主管都有接班計畫、每位員工都有「個人發展計畫」(IDP[3]),「我們會根據他們的經歷、受訓、上課、職務,和主管討論,挑出三、五個合適人選,給他包含財務、會計、人資、管理等非原本專業的訓練,培養成專業人才,」集團總管理處執行長李定壯解釋,這就是為何獲選人才能夠快速上手接棒的關鍵。

建立新制,公平、公正、公開

在人才培育上中鼎設計很多制度,透過多元管道育才培才,讓員工能適才適所,希望在幾年內把員工塑造成中鼎想要的人才。

楊宗興以親身經歷指出,中鼎是一個有無限發展空間的企業,職類包羅萬象,含括機械、電機、化工、土木、國貿等領域,但是公司的人才招募策略不以挖角方式延攬人才,而是招聘各系所畢業生,以一系列完善的教育訓練課程培訓。

甚至,中鼎還有一項特別的規定——員工離職後，若要回任必須經過一段時間的觀察期，因為「如果員工去外面混一混再回來，還可以加薪升官，怎麼對其他在公司拚老命的員工交代？」對於公司治理，余俊彥堅持必須恪守公平、公正、公開的原則。

可是，「若真的是人才，又願意回任，錯過豈不可惜？」他幾經思考後，「我就改成離職再回來的人，要『留校察看』三年，先做三年約聘員工，如果考績達到水準以上，才轉為正職員工。」

只不過，剛開始可能由於規定和宣導不明確，有些子公司並未遵守這項規定，於是余俊彥要求，離職回任的人事簽呈都要上呈，由他把關。經過一段時間累積，等到全集團已經達成共識，他便放手讓各事業單位落實執行。

他認為，這和新加坡取締亂丟菸蒂的民眾一樣，起初，警察抓不到，仍然滿地都是菸蒂，後來改派便衣警察來執行效果就很不錯。久而久之，人們不知道旁邊站的是便衣警察還是一般民眾，就不敢亂丟，慢慢地養成習慣，隨手丟菸蒂的習慣也就消失了。

「任何改變或建立新制度，都要深思熟慮，」他強調，像人事委員會擬定各項規章的相關會議他都要參加，集思廣益、審慎決定，「若是規矩制定了又回頭重新修改，公司一定會天翻地覆。任何規定，一定要讓八千人都能跟隨並且信服。」

啟動高階主管接班計畫

中鼎是由專業經理人治理的企業，因此早在十餘年前，余俊彥就未雨綢繆，構思加快接班計畫。

2001年，余俊彥五十三歲時接任董事長，隔年拔擢林俊華為總經理。兩人同年出生，也在同一年進入中鼎，一起從基層工程師一路躍升為最高領導者，但依照企業內部規定，所有員工都必須在六十五歲屆齡退休。

「如果我倆同時退休，誰來接棒？」想到這個問題，余俊彥心中突然一震，決定加速打通高層升遷管道，讓年輕一代及早接班。

2009年，中鼎董事會通過升任林俊華為副董事長，拔升副總經理許一鳴為總經理、楊宗興為副總經理。「他們的年齡一定要比我小，」余俊彥說明，當年的接班人計畫就是要快速把年輕世代拉上來，所以，「許一鳴小我七歲、楊宗興小我十六歲。」

1964年出生的楊宗興，台大機械研究所畢業，卻選擇從中鼎最基層的建造部監工做起，後來轉任業務單位負責開發海外市場，之後再負責非石化事業部之管理。

每次職務轉換歷練，他都獲得直屬主管高度肯定，自然也一步一步獲得擢升，先是在2014年升任總經理；2016年再被委以重任，擔任集團副總裁暨工程事業群執行長；2020年，中鼎啟動「傳承接班，永續成長」計畫，高階領導梯隊進行世代交替，積極培養接班團隊，他也在那年經全體董事決議通過，升任中鼎公司董事長。當時，他五十六歲。

余俊彥一直希望，中鼎的接班年齡層再往下降，但世代交替接班傳承的任務，向來是企業領導人最難的課題。對年輕的主管們，余俊彥也不時提醒他們處事之道。

「你看看稻穗，黃稻穗最漂亮，因為結實飽滿時黃稻穗會低頭，你一定要做黃稻穗……」

「你這麼年輕爬上來，要懂得謙虛……」

「任何事情一定要往前看三步，先思考三步之後再走第一步……」

「不要因為任何事情影響你往前進的決心，不要過度自信，也不要怕往前走……」

鼓勵進修，提供公費讀EMBA

工程師多是理工背景出身，具備理工方面的長才，但在財務管理、公司治理方面的知識則相當欠缺。

「要讓這些高階主管培養工程以外的知識和技能，最快的方式就是送他們去學校學習相關專業，」所以，余俊彥說，「我們所有經理級以上職位都要讀EMBA。」

中鼎自2004年開始推動經理人進修制度，提供公費讓高階主管進修EMBA課程，之所以如此，除了鼓勵高階主管走出舒適圈，回到校園進修，也能擷取別人的優勢，回來應用在工作上，還有一個更重要的考量，就是要拓展高階主管的人脈。

「只要沾上『同學』關係，都很管用，」余俊彥打趣說，工程師出身的高階主管，在工程專業領域中累積實力，一旦進入EMBA，就可以與來自各企業的高階主管成為同學，透過分享經驗建立互動關係。

余俊彥自己就是中鼎的超級業務員。他喜歡交朋友，也在長期耕耘人際互動關係中拿到許多業務專案。

然而，「生意可以接續，但人脈難以傳承，」他坐上最高領導者位子時深刻體認到，自己多年廣結善緣累積的人際網絡，無法變成接班者的人脈資源。

因此，中鼎推動公費EMBA進修制度，提供經理級以上、三年績效符合規定的員工，依工作性質選派推薦到國內外院校進修，外派海外者也可以就近選讀海外大學院所。

「我們已退休的副總經理王鳴霄，就是在泰國最有名的朱拉隆功大學（Chulalongkorn University）讀EMBA，」余俊彥說，學雜費、書籍及論文補助等都由公司負擔，包含學程中必修學分的海內外參訪活動，也可依公假、公費辦理，「十年來，中鼎已有近百位主管修習EMBA，目前已取得碩士學位的有六十多位。」

完成EMBA學程所費不貲，但對中鼎與余俊彥來說，建立知識傳承體系才是更重要的事。因此，中鼎對於修習完成的主管只有一個要求：畢業時，簽署著作人授權書，將論文上傳至中鼎知識庫，分享給全集團員工參考、閱覽。

事實上，不僅是讀EMBA，中鼎還曾與台大合作開設高階主管專班，把高階主管送入學術殿堂進修，投注在員工訓練的費用高達上千萬元。

為什麼願意如此大手筆？

「我們是台灣最具有國際競爭力的統包工程業者，人才是中鼎最重要的資產，因此我們願意花錢、花時間培養人才，」楊宗興說。

但儘管如此，人才培養依舊不易。

讓全球人才同步升級

「通常要培養一個專案經理，約需要十年左右的時間；若是要培養一個能帶領團隊執行10億美元以上國際統包工程的專案經理，至少要二十年的歷練，」余俊彥明白指出中鼎人才培養的難處。

不僅如此，「統包專案比一般營造工程複雜萬倍，專案人才必須具備統包工程整合能力，還要有和國際接軌的實戰經驗、要懂得管理各類風險，並且要將高科技產品應用在工程管理上，才能達成顧客的期望，為公司創造最大價值，」他補充指出。

挑戰重重，如何是好？

史丹佛大學教授奧賴利（Charles A. O'Reilly）和菲佛（Jeffrey Pfeffer）合著的《隱藏的價值：偉大的公司如何與普通人一起取得非凡的成果》[4]一書中，曾經這樣論述：「企業之所以成功，不是因為他們延攬了更厲害、更聰明的人才，而是因為他們發現如何幫助員工發揮潛能、幫助所有利害關係人一起成功……」

換言之，企業如何培養人才，遠比企業如何吸引人才重要。

「身為集團人才庫的大本營，中鼎肩負指導和提升海外子公司的責任，」楊宗興強調，「在積極招聘國際人才的同時，也要落實人才在地化，我們要讓全球人才同步升級。」

他以印尼為例指出，中鼎會招聘印尼籍工程師在台灣訓練，服務數年後再派回印尼子公司就職，這樣培育出來的人才就能連結兩地業務發展，發揮綜效。

「我們要培育的，是能打國際戰的全方位人才，」楊宗興強調，「多年來，中鼎在全球完成無數艱鉅工程，團隊每一位成員都是集團創新成長的重要關鍵，所以我們會持續以完善、專業的全方位教育訓練，培育符合時代需求的國際工程人才，落實全面育才、留才的理念，達成企業經驗傳承和永續成長的使命。」

注釋

1. High Potential，中鼎內部簡稱High-Po，指經理級以上的高潛力菁英人才。

2. Young Potential，中鼎內部簡稱Young-Po，指經理級以下、非管理職但具潛力的年輕菁英人才。

3. Individual development plan。

4. *Hidden Value: How Great Companies Achieve Extraordinary Results with Ordinary People*, Harvard Business Review Press, 2000.

第七章

凝聚向心力，八千人一起拔河

「一、二、三！」、「一、二、三！」

拔河，是每兩年舉行一次的集團運動會上的重頭戲，響徹雲霄的口令迴盪在體育場中，無形中凝聚著來自全球海內外據點數千位員工的向心力。

日本經營之聖稻盛和夫曾說：「企業家的首要任務是讓全體員工的思維方式保持一致，並確定一致的前進方向和目標……」

「當全體員工的力量向著同一個方向凝聚在一起時，就會產生成倍的力量，創造出令人震驚的成果。那時，一加一就會等於五，甚至等於十……」

稻盛和夫堅信，當全體員工為了公司發展，齊心協力參與經營而形成的合力，將會產生驚人的效益。

的確，向心力的凝聚是影響企業競爭力的關鍵。一家企業如果能夠吸引愈多優秀人才，認同公司文化並往同一方向努力前進，就愈有機會成為永續企業。

然而，道理淺顯易懂，實際執行要如何做到？

以優渥薪資吸引人才

福利制度和薪資收入，是中鼎早年吸引人才的條件之一。

身為集團總裁的余俊彥記得，他在1973年加入中技社（中鼎前身），公司的薪資福利即優於外界水準；1989年進入中鼎服務、現任工程事業群執行長的李銘賢也提到：「當時的薪水，包含交通費與加班費等，薪資福利比外界多20%。」

現在，「光是人事費用，集團一年就要支出100億元，」余俊彥說。以中鼎2023年員工薪資加員工福利費用為例，與其他公司相比落差或許沒有早年那麼大，但仍已連續十年以上入選台灣企業薪資指標之一的「台灣高薪100指數」成分股，表現算相當不錯。

這項指數並非以薪資結構評量，而是除了股票的流動性之外，還要符合三大要件：最近三年員工平均福利費用的算術平均數在前三分之一、最近三年稅後淨利的算術平均數都是正數，以及最近一年年底的股票每股淨值至少10元，再以薪酬規模排序。

根據這些條件，代表中鼎提供的員工福利金額是上市公司的前30%、連續十年稅後均有獲利，而且每股淨值在10元以上。而這樣的數據也證明，中鼎藉由良好的薪資福利留下優秀人才、強化員工向心力，營運績效也就相對提升了。

爲一群人設定共同努力的目標

「這是我們運動會的大合照，好幾千人，包括海外公司的主管都回來參加，」余俊彥一邊說著，一邊秀出品牌管理部經理胡美貞遞過來的手機，上面一張張的照片全是在體育館內，穿著同一樣式、同一顏色運動服，排列整齊劃一的隊伍，正等待著運動競賽揭開序幕。

拔河比賽是中鼎集團的傳統，象徵團隊與合作的精神，也是凝聚員工向心力的重要方式。

余俊彥再指著一張照片：「這些都是國內外各個公司的主要幹部，五百多人在一起開會。」那是2023年中鼎集團在台北南港展覽館舉行策略共識營的壯觀場面，來自全球各地關係企業的中高階主管齊聚，為中鼎的未來擬定策略。

自2008年起，中鼎針對全集團的高階主管，每兩年舉辦一次異地會議（Offsite Meeting），至2015年改為策略共識營，頻率也改為每年舉辦。

之所以如此重視，來自於經營者的責任感。

「整個集團有八千多員工，如果以一家四口計算，就是三萬兩千多人，他們的未來要靠中鼎，我們都有責任，」余俊彥強調，「領導人要好好思考未來經營方向，如果把公司搞垮了，你怎麼對得起這些人？想著都睡不著覺！」

正因如此，每年的策略會議都要為公司定調發展方向，「只要全體員工朝一致方向前進，就像拔河一樣，同一方向、同一時間施力，發揮最大的團隊力量，就能成為國際級的工程團隊，」對余俊彥來說，時刻擘劃中鼎的未來、建構永續長青的基業，是他對股東、員工與眷屬，乃至整個社會的責任。

事實上，「有很多前輩和同事，學校畢業後就進入中鼎，進公司第一天開始就從未想過要離開，」余俊彥坦言，他也一樣，把中鼎當作一生的志業，而非一份工作，「只有一心一意對待自己的工作，才能超越自我，成就非凡。」

這樣的敬業態度，也顯現在中鼎的營運成果上。

「1979年中鼎成立時，資本額1億元，營收不到4億元，員工近八百人；現在，資本額80億元，營收上

中鼎實施員工持股信託，鼓勵員工變股東，既增進公司績效，也與員工利益結合，公司與員工互惠互利、共創雙贏。

千億元，員工約八千人，」余俊彥說。

四十五年未虧損，盈利回饋股東

1993年5月，中鼎工程（9933）股票上市，成為國內第一家以工程服務業上市的公司。

確實，首先從營運績效來看，依據1993年中鼎工程上市以來年報揭露的財務情況，本業營業淨利或稅後淨利都不曾出現赤字。不僅如此，中鼎成立四十五年以來，也從未有過虧損紀錄，無論景氣或世局如何變動，都能保持競爭力，年年均有獲利，堪稱是績效常勝軍。

此外，從對股東的回饋，也能看見中鼎的實力。

根據證券交易所股市觀測站資訊，中鼎在上市前兩年，1991年3月申報變更公司實收股本，從1億元大幅提升到8億元。其中，辦理盈餘轉增資5.93億元，相當於原股東每股配發59.3元股票股利；而自1993年至今，不論是現金股利或股票股利，中鼎每年均配發股東至少1元以上的股利。

實施員工持股信託，讓員工變股東

為了配合首次公開發行（IPO）並分散股權，中鼎在1991年辦理現金增資1.07億元。不過，時任董事長王國琦做了一個不同尋常的決定——他徵得持有中鼎65%股權的母公司中技社同意，請原股東放棄認購新股，全數由員工認購。當年度完成增資後，員工持股比例達到5%以上。

王國琦是專業經理人，他希望員工持有中鼎股權可以達到20%，才能真正實現與員工共同分享經營成果，並藉此獎勵員工、留住人才。

企業首先必須要有好的營運成績，才能與員工分享經營成果，也才更有籌碼留住人才。員工持股就是中鼎留才的籌碼之一，但這不僅是為了企業發展，更是照顧員工未來生活的做法。

「現在，集團全球員工總共持有中鼎超過17%股份，員工持股參與率逾50%，」余俊彥攤開簡報資料明確地說，超過一半以上的集團員工參加員工持股信託計畫，成為中鼎的股東。

2003年中鼎董事會通過「員工持股信託辦法」，實施員工持股信託計畫，並召開員工持股會發起人會議，一步一步走向員工持股最大化的目標。

所謂員工持股信託，也就是由員工每個月提撥部分薪水、公司提供部分（50%）獎勵金，以定期定額方式買進自家股票，「目的是為了幫助員工長期儲蓄、累積財富，保障未來生活，」余俊彥簡單幾句話，點出中鼎不僅關注員工在職期間的穩定，也希望他們退休後仍能擁有安定的生活。

「假如你全年所得100萬元，拿出10%（10萬元），公司會送給你提撥金額的50%（5萬元），再用你的名字信託，拿這15%（15萬元）買中鼎股票，」余俊彥舉例解釋員工持股信託的運作方式。

在這項制度的設立下，2017年中鼎員工持股會已成為中鼎的最大股東，顯見員工對公司的向心力之高，也可見中鼎推動員工持股計畫的成功。

對中鼎來說，鼓勵員工變股東，一來增進公司績效，二來與員工利益結合，每當他們為工作拚搏時，不僅是為公司的競爭力而戰，也是在為自己創造價值，甚至可以照顧到未來的退休生活，讓員工與公司互惠互利、共創雙贏。

全員配股，海內外一視同仁

過去中鼎設計許多制度，像是員工分紅配股、員工股票選擇權，以及發行限制員工權利新股等獎勵措施，都是以凝聚向心力做為最重要的考量。

「我問過許多公司，員工配股制度大都只有高階主管才有配股資格，但中鼎每個員工都有，」余俊彥強調，為凝聚向心力，留住人才，不論是實施股票選擇權制度、發行限制型股票等獎勵福利，都不只是給高階主管，而是除了集團員工中考績末位的5%之外，全部都有配發資格。

「我們希望能讓員工感受到他們是公司的一分子，而且公司對大家一視同仁，」他指出，公司要讓所有員工都能享有公司福利，如同置身一個大家庭，才會更願意為公司長期服務，創造公司和股東的利益，自己也因而受益。

2007年中鼎開始實施股票選擇權，讓員工可以認購公司股票；2021年更進一步改為發行限制型股票，在集團達到營運目標等條件下，將股票無償配給表現優異的海內外員工，以吸引及留任優秀人才。

不僅如此，在集團於台灣的兩棟總部大樓，可以看到不同人種、不同膚色、不同衣著，來自世界各國的人，而對外籍員工的福利和獎勵也一視同仁。

「中鼎有兩千多位非台籍員工，其中有兩百多位在總部大樓上班。這些外籍人力都是為我們國家效力，當然同樣應該善待，」余俊彥堅持，整個集團對員工的福利都秉持公平、公正的原則。

所以，面對跨國團隊，「海外員工也一樣擁有認股權利，只是他們是虛擬的，」他補充，海外員工無法來台灣開立證券戶，因此以虛擬證戶的方式，讓全球中鼎員工都擁有配股、認股的權利，享受中鼎股價長期成長增值的好處。

這些努力沒有白費。2021年亞洲權威人才雜誌*HR Asia*評選「亞洲最佳企業雇主獎（台灣）」（Best Companies to Work for in Asia 2021-Taiwan Edition），中鼎名列榜上。

該獎項是亞洲地區最具代表性的人力資源獎之一，透過實際查核，評估組織文化核心、員工身心體驗，以及團隊合作溝通等三大項目，將員工對企業的反饋量化後和市場相比，評選出最優秀的企業雇主。

成為最值得信賴的團隊

「天下最傻的事，是要改變別人，讓別人變成什麼樣的人，」所以，余俊彥認為，必須先讓中鼎這個八千人的大部隊，自發性地認同企業的願景和文化，大家才會願意貢獻自己的力量，跟著組織一起前進。

數十年來，中鼎始終朝著目標前進，就是要實現「成為最值得信賴的全球工程服務團隊」的願景。

中鼎數十年來塑造的企業文化是：專業、誠信、團隊、創新。余俊彥認為，要打造一個最值得信賴的全球工程服務團隊，必須先建立共識，也就是要讓員工認同公司的企業文化，並且內化到每位集團成員的內心，變成每天落實的行為，真正做到他一再跟員工強調的「有中鼎的地方就有信賴」的理念。

如同在拔河競賽中，企業領導人面對繩索的另一端是趨勢的變革、是來自全球強勁的對手；而在繩索這一端，則是領導人必須能夠一聲令下，帶領眾人同時間朝同一方向拔河。如此才能匯聚最大的力量，奮力一搏，奪下勝利的旗幟。

余俊彥堅信，唯有傳承企業理念和價值觀，讓八千位員工達成共識、團結行動，凝聚全員向心力，朝著願景逐步靠近，才能擁有堅實而強大的競爭力，進而組成精銳部隊，追求共榮、共好，創造企業的最大價值。

2

成功銳變的七大驅動力

第一章

硬實力——淬煉基本功，厚積薄發

「池塘裡種滿荷花，每天綻放的數量都是前一天的兩倍。如果到第三十天，荷花開滿整個池塘，請問：荷花開一半時是在第幾天？」

「第二十九天，」集團總裁余俊彥在受邀到成功大學產業大師系列講座的一場演講中，提出了這個問題，隨即說出解答。他用「荷花定律」比喻，中鼎從一家本土小公司，經過長時間累積經驗與實力，透過一個個專案淬煉基本功，方才成長到年營收新台幣千億元規模的國際工程公司。

從基礎開始練功

1989年成為中鼎新鮮人的李銘賢，如今已是工程事業群執行長兼任中鼎總經理，依舊清楚記得當年進入管線設計部時，做的第一件事是領取工作必備的工具。他解釋，那時是手工時代，設計人員都是拿鉛筆畫圖，畫錯了用橡皮擦擦掉之後，就拿刷子來清除橡皮擦的碎屑。

「當時的作業系統還是DOS，沒有AutoCAD，」他說，為了要讓設計圖上用手工寫出來的字體、大小一致，「每個新進工程師都要練習寫三個月的『仿宋體』。」圖紙上還有許多備注，例如法規等，都要工整地寫清楚，幾乎每個工程師都練就一手寫出工筆字的功力。

「剛開始先抄圖，然後學著自己設計管線配置圖，一張A1尺寸的圖要畫一個星期……」李銘賢記得，當時的訓練非常嚴苛，畫錯了就整張重來，畫圖是基層工程師基本的養成訓練。

「蓋一個工廠，設計圖可能高達九千多張，小一點的廠也是三、四千張圖跑不掉，」他說，「我們還要負責撿料，要到現場查看，若要修改就直接改在藍曬圖上，然後回去設計，再到現場，所以現場經驗很豐富。」

不怕苦，深入現場工作

放眼中鼎，類似李銘賢這樣的例子還有許多，中鼎美國董事長陳裕仁就是其中之一。

他在1989年進入中鼎設計部，擔任設備工程師；畫設計圖半年後，中鼎為因應個人電腦時代來臨，準備將手工繪圖進階到電腦繪圖，他便請調成為在IT部門寫程式模擬應力分析的設備研發工程師。

寫了兩、三年程式後，「這樣的工作，跟念研究所好像沒有太大差別，」陳裕仁感到有些疲憊，恰好當時日本三菱重工承包樹林焚化廠的工程，欠缺兩位現場操作工程師，向中鼎借調人力。他心想：「現場操作是完全未知的工作，應該很有挑戰性。」在好奇心驅使下，他大膽自願轉換到工地工作。

「你頭殼壞掉喔！」當直屬主管得知他有意去工地

時，劈頭說了這句話。

當年，在工地現場操作的大多是專科畢業生，而他以碩士生資格到工地工作，往往被視為大材小用。但陳裕仁認為，公司願意提供機會讓員工體驗不同的工作模式，「Why not？」在部門經理支持下，他去了工地。

「在工地操作一年，我才知道什麼叫作工程，」陳裕仁坦白地說。

當時中鼎正準備進入焚化廠領域，他是最早接觸的人員之一，在樹林工地親自現場操作一年後，「我才扎扎實實看到設備長什麼樣子，也才知道除了設備之外，什麼是管線、土建、儀控、電機、方法……，如何組建一個工廠不再只是一個名詞，也是在那之後才真正了解如何建造、安裝、試車等工程概念。」

「當時，每天要爬上37公尺（約十一、二層樓高）的鍋爐頂端好幾趟，」陳裕仁體會到，「工地工作真的是體力活，非常辛苦！」

他記得，當時的試車操作主管是一位日本技師，兩人溝通時都是用日文、英文穿插，而這位技師經常指揮他東奔西跑，一會兒到某處打開一個閥門，再去另一處關上一個閥門，有時還搞不懂他的指令，對方就會板著臉孔說：「I say, you do. You are an operator, not an engineer.」講完話就走人。他愣在原地，也不知道是否要跟上。

「叫你做就做！你是操作員，不是工程師！」但他的意思是這樣嗎？

在現場生了十分鐘悶氣後，陳裕仁開始轉念：「他是我的老師，他其實是想要教我，問題是他到底要告訴我什麼？」於是，他對那兩句話的解讀就變成：「我叫你做你就去做，做完了回報，你也不去想，那你永遠就是一個操作員，不會是工程師！」

他心想：「我代表中鼎，代表台灣人，不能丟這個臉！」一念之間，想法改變，做法也跟著變了。

不放過任何學習的機會

第二天，陳裕仁隨身帶了筆記本，「他叫我到什麼地方、做什麼事，我都一一記下來。有時我會問他為什麼，有時他有回答、有時沒回應，也不知他是不知道還是講不出來，」但無論聽懂或聽不懂，陳裕仁都一五一十記下來。

一年後，他要歸建回中鼎時，對方問：「你留下來要什麼條件，我去幫你爭取。」顯然，他努力的成果，已經為自己和中鼎獲得肯定。

了解了工地運作的全貌，陳裕仁回到中鼎後又跨入一個全新的領域——成本部。那時的成本部分為估價和成本兩個組，而他進入估價組，負責設備估價。

估價是什麼？一開始他完全不懂，但「做了一段時間後，我就被推上火線做主估，」他說，而有趣的是，「當時電廠有四、五個統包工程交給中鼎，業務帶著我和業主開會、澄清、應對，因而發現原來我有溝通的長才，又轉調業務單位，」陳裕仁笑著說，其實他當時對於要怎麼做業務，根本一無所知。

一般人認為業務只是出一張嘴，但他自承：「我小時候是剛毅木訥的性格，開口說話就會害羞。」口才不出色，許多人認為他不適合做業務，但他心想：「業務是一門專業，我是專業人士，為何不能做？」

樂於嘗試挑戰的陳裕仁，再接下國內非石化部門業務工作，之後再調到泰國三年半，負責推展非石化部門的業務工作，等到從泰國調回台灣，他便升任了業務主管。

一路轉換跑道，陳裕仁擔任過中鼎非石化事業的能源環境二部主管、負責過採購部門工作，兩年後升任協理，再接掌工程技術部總經理，2016年之後從資深協理、副總經理一路榮升，2020年接任中鼎總經理，2023年再外派美國擔任董事長。

這段經歷讓陳裕仁堅信：「不要對自己設限。如果

「使命必達」是中鼎人一貫的精神，願意接受長官指定的功課，努力完成每一項任務。

別人認同你，願意給你機會，何不給自己一個挑戰的機會？」

尤其，「工作輪調及外派任務是中鼎的文化，中鼎人都具有『使命必達』的精神，願意接受長官指定的功課，努力去完成每一項任務，中鼎的硬實力就是這樣練成的，」他微笑著說。

一上班就被賦予重任

把中鼎人「使命必達」的精神發揮得淋漓盡致的，還有從工地基層扎根的集團副總裁、中鼎董事長楊宗興。

「我當年是很有志氣的年輕人，希望真正能做點事情，因此應徵已有規模的中鼎建造部，」楊宗興說。

頂著台大機械系碩士畢業的光環，面試他的主管說：「建造部的職缺是在工地喔！」從未見過碩士生應徵工地工作，對方再次確認。

「我想來試看看、學一學，」楊宗興回應。

「你錄取了！如果真的要去工地，不後悔，你就來！」沒有任何考試，面談當下他就被錄用。

「1991年7月16日早上八點，我到公司報到後，八點半就叫我回家，買車票準備第二天到高雄五輕工地報到，」楊宗興回憶在中鼎上班第一天的情景。

「簡單收拾個小包袱，隔天我就搭國光號到左營，進五輕工地報到，」他記得，當時工地主任就是集團前首席副總裁林俊華。

「你確定不是來混資歷，之後就跳槽嗎？」林俊華開門見山地問。

楊宗興堅定地說：「不會！」

林俊華還是難以置信，卻也只能說：「你至少保證這個工作要做到完。」

楊宗興果決地回應：「好，我保證。」

「如果你承諾不會中途離職，我就派給你一個比較有挑戰性的工作，」林俊華接著說。

「五輕裡面有三台最大的主壓縮機，等於整個裂解廠的心臟，」楊宗興說，壓縮機的組裝比較有學問，碩士畢業且英文不錯的他可以負責和外國技師應對，因此一報到上班就被賦予重任。

在任務中學到精髓

在五輕工地吹風吃沙、炎日曝曬，楊宗興形容：「一天下來，全身內衣是濕了又乾、乾了又濕。」連帶他的師傅都調侃道：「沒看過你這樣的人，讀了碩士還來工地『損大槌』[1]，何苦呢！」

然而辛苦之外，還有更大的問題，就是必須適應中、外不同的工作模式。

中鼎早年都是由經驗老到的師傅帶著徒弟做工程，初到工地，楊宗興的師傅教他如何安裝壓縮機、如何做鉗工，他就拚命記下來，但是外國技師一來，說的又是另一套做法，他感覺很困惑。

兩種操作方式，應該依循哪一種？

楊宗興決定：去買機械操作相關書籍，自己苦讀研究。終於，對機械操作的原理融會貫通後，能「知其然，也知其所以然」，他就可以聽得懂師傅或技師說的話，也能與他們對話，讓設備安裝作業更順利進行。而這段經驗，也在他外派之後持續發揮作用。

在五輕工期三年完成後，他被調派到泰國工地擔任設備組長，「那時我們的設備工作沒有對外發包，中鼎泰國有自己的吊車、卡車、機具，我們就指揮泰籍監工，泰籍監工再帶著領班及兩百位當地的勞工做，」當時他才三十歲出頭，「因為有了五輕案的經驗和知識，才帶得動泰籍團隊。」

後來回到台灣，楊宗興參與台塑六輕工程。有一天，人在麥寮的他接到林俊華的電話：「你到台北來做業務，給你半天時間考慮。」想了五分鐘，他就回電說：「好！我要去。」中鼎人勇於挑戰的性格，再次展現。

1999年林俊華接掌海外專案，到處招兵買馬，第一時間就想到在五輕共事三年、表現優異的楊宗興，也在設計部徵調最好的人才。

其實，「我原本的規劃是從後端往前整合。先到建造部看看到底什麼叫工程，再到設計部或其他部門，」

對職涯很有想法的楊宗興說。但一個全新的機會來到眼前，他隨即抓住機會。

同一年，楊宗興在林俊華點名下被調回台北，負責拓展海外業務。不過2000年之後，中鼎組織結構調整，海外專案被納編調轉至煉油石化專案，半年後他便被調至非煉油石化專案，負責所有電廠、焚化廠、煉鋼廠等業務。沒想到不久後，更大的挑戰來了。

面對困難，勇於承擔

俗話說：「給別人機會，就是給自己機會。」這句話在企業中也同樣適用。2003年中鼎取得台電大潭電廠案，由三菱提供發電機組，中鼎負責土建工程、設備安裝，以及全廠管線與儀控設計等統包，這是中鼎第一次以統包方式承攬的複循環電廠專案，金額高達新台幣165億元，創下當時承攬紀錄。

之前中鼎尚未做過電廠統包工程，首次接下大型的電廠統包專案，當時非石化事業部副總經理潘禮瑞苦尋不著適合的專案經理負責。

後來，「我不記得是被徵詢，還是自己舉手說『要是找不到人，我來做』，」楊宗興同意接下這個擔子，在2003年由業務經理轉調做專案經理。

「那是我人生中的第一個專案，也是最痛不欲生的專案，」楊宗興苦笑著說，「以前做業務看很多人做專案，在底下練招式好像很容易，等到自己上場才發現，原來要管的事情那麼多。」

「壓力很大，那時台灣缺工又缺料，每一個決定都是錢，若是決定做錯了，搞不好公司要多花很多錢，」他提到，2005年全球原物料大漲，不鏽鋼材料價格暴漲一倍，如何管控成本至關重要。

「回想起來，老闆也很大膽。我的專案經驗不多，以現在中鼎嚴格要求的程度，缺乏相關經驗，風險管控就不合格，」楊宗興回溯過往點滴仍膽戰心驚，幸好在過程中他扛起重責，一邊做一邊學，大家一起努力達成使命。

大潭電廠是台灣最大的天然氣電廠，2009年完工後，隔年中鼎就在海外拿到首樁獨立承攬電廠專案——馬來西亞沙巴的Kimanis複循環電廠專案。

2015年，Kimanis複循環電廠成功挺過沙巴大地震，持續穩定供電，又為中鼎奠定了在國內外燃氣電廠的市場地位。

其實，這樣的機會是挑戰也是契機。楊宗興勇於接受考驗，鍛鍊扎實的功力，成為最年輕的業務經理；轉戰專案工作後，他升任非石化事業部主管，奠定日後更上一層樓的基礎，一路爬升擔任副總經理、總經理、董事長、集團副總裁，是典型的中鼎人從基層做起、一路向上晉升的模式。

從實戰中厚植基本功

日本知名管理學家大前研一曾說：「能夠勝任『專案經理』職務的人有極高的價值，在未來將是非常珍貴的人才。」

在中鼎的組織運作中，專案經理是專案執行的靈魂人物，對專案績效及成果都有決定性影響。專案經理必須定期與業主和各工作團隊召開會議並交換意見、加強與承包商及技術授權商的溝通、確保專案執行中資訊流通無礙，並在最短時間內解決客戶的問題。

現任工程事業群副執行長、中鼎工程技術部總經理李民立，就是從專案做起，在專案領域鑽研逾三十年，目前管理集團高達兩千人的龐大工程技術團隊。

1989年李民立自中央大學化工研究所畢業後便進入中鼎。「原本是應徵方法部的化工工程師，面試前一天接到公司電話告知，方法部員額已招滿，但專案部還缺人，要我第二天仍到公司接受面試，」他回憶當年說，自己在因緣際會下成為中鼎專案工程師。

「專案工程師是專案經理身邊的助理，」李民立直截了當地說，專案工程師主要做的是和專案有關的各種協調工作。

「我奉派的第一個專案是中油五輕專案。前三年，是我最痛苦的階段，因為面對的業主都是年紀比我大十五歲至二十歲的人，所以必須逼自己快速學習很多東西，跟前輩請教，才有辦法與他們溝通，」他強調，專案工程師最重要的就是要有溝通、協調的能力。

其次，則是整合的能力。

設計部門涉及的介面很廣，包括管線、土建、方法、機電、儀控、設備等，每個項目都很複雜，需要有整合及追蹤管理能力，因此像他自己，就是在歷練數個專案之後才奉派擔任專案設計經理，負責專案設計的統合工作。

培養獨當一面的能力

再則，就是要有獨當一面的能力。

中鼎培育專案經理的做法，是在扎實的基本功訓練之後，再透過實際作戰來養成。李民立就在這樣的模式下，陸續接獲公司交辦的國內外重大石化專案，例如杜邦遠東、台塑石化、長春石化、中海殼牌化工廣東專案、沙烏地Kayan等。十幾年後，中鼎派他掌管煉油石化三部，負責中東和美國等重要市場的專案執行，培養他具備更高、更全面的視野。

在煉油石化領域扎根三十年後，2016年在團隊的努力下，中鼎首度進軍中東阿曼煉油石化市場，取得阿曼的LPIC專案，簽約金額達28億美元。

厚實的功底，帶來斐然的成績。Liwa團隊為中鼎締造許多紀錄，例如：2020年榮獲國際知名雜誌*Hydrocarbon Processing*「年度最佳工程專案」石油化學類首獎；同年11月，創下7,700萬安全工時紀錄，寫下中鼎執行統包專案的里程碑；2021年，獲得有專案管理奧斯卡稱譽的國際專案管理學會台灣分會「專案管理大獎」的大型專案組「標竿專案獎」。

更重要的是，「阿曼專案工程現場有上萬人，然而在疫情期間，是阿曼全境唯一沒有停工的工程，」李民立認為，全是因為中鼎優異的專案管理才能做到。

二十年磨一劍，用時間鍛鍊人才

的確，人才的培養育成重在適才適所，有時就是需要時間淬煉。工程事業群副執行長、中鼎基礎與環能工程事業部總經理蔡國隆，便是其中一個例子。

1987年進入中鼎的他，如今年資已有三十七年。當初，經過二十年時間，由主任工程師轉至非石化事業部任職，開始負責估價工作。

一般認為，做了十年、二十年的工程師，很難再改變思維、嘗試新的工作領域，但蔡國隆不僅做到了，還交出了亮眼的成績單。

馬來西亞沙巴Kimanis複循環電廠的估價，就是他的第一次估價代表作，成功拿下這個3億美元的標案，讓中鼎非石化部門首度打入海外市場。

之後，他又陸續成功估價，標下越南電廠、林口電廠和大林電廠等專案，並先後接任林口電廠專案副理、大林電廠專案經理，開始獨當一面，此後一路從經理、資深經理、資深協理，到如今的集團工程事業群副執行長。

和蔡國隆一樣，在專一領域耕耘超過十年乃至二十幾年後，再轉調至其他部門歷練的中鼎人，不計其數，擁有近四十年資歷的集團總管理處執行長李定壯便是如此。

建築系畢業的他，在中鼎設計部當土木工程師，五年後轉調成本部估價組，從估價組員到資深經理，也是一做二十年。

「估價是前端作業，估算標案要用多少價格投標，並設法得標，又能維持公司利潤；成功拿到標案後再交給成本組，以得標金扣掉利潤剩下的錢，去控制成本、執行專案，」李定壯解釋成本部的功能。

案子能否得標、能不能賺到錢，跟估價關聯極大，「即使拿到案子，如果估價錯了，少一個零就是十倍價差，」李定壯說。

「做估價工作思維要細膩、邏輯要清楚，才不會

中鼎的高階主管，大多接受過專案洗禮，累積深厚的底氣，而能快速成長。

因為專案成本項目繁多複雜而有所疏漏；經驗也很重要，才能養成敏感度，進而分析出各項目的合理價格，」李定壯分享，除了工料成本以外，加上設計費用、管理成本，還要考慮工期、物價及匯率等，累加得出總估價及公司利潤後據以投標。

「估價需要跨域人才，我是學建築的，一開始是從土建開始估價，」李定壯不諱言，估價愈接近得標價就愈有成就感。而不怕挑戰、認真學習的性格為李定壯贏得機會，也為中鼎把握商機。2011年中鼎拿下台電林口電廠，規模高達約880億元，創下當時中鼎歷年單筆金額最高統包案的紀錄，就是由他主估。

用專案洗禮，培養扛大旗能力

「統包工程專案比單純的建造工程複雜無數倍，」余俊彥以一個化工廠合約比喻。

首先，在工程規模方面，一般營造廠大多只做建造工程，等設計、採購作業完成後才按照設計圖施工，但統包要從設計開始，簽約三個月左右長發貨期設備就要下單，做到一半時就要開始採購管線、電線電纜、鋼構、土木等各種建廠所需材料，而且要買到80%左右的數量，否則趕不上工期。

其次，在專案團隊方面，專案組織人員是依專案任務組成的團隊，成員來自專案、設計、採購、建造，以及成本控制、時程控制、合約管理、財務會計等部門的專業人員，非常龐大而複雜。

再者，統包專案可能需時兩、三年到十年不等，有物價波動、匯率風險等，都需要設法避免。

「專案是一個非常細膩的管理工作，應注意的細節如千絲萬縷，」余俊彥說明，「傳統上，一般的專案經理最少要歷練十年；若是要帶領團隊執行10億美元國際統包工程的專案經理，需要二十年時間，但是我們累積了幾十年的經驗，現在已經可以更系統化、有效率地培養人才，大幅縮短人才養成時間。」

他指出，在中鼎負責一個專案的專案經理，要管理的人，不含協力廠商的工人即可達百人甚至上千人，相當於一家具規模的企業，「專案經理就如同一家公司的總經理，必須指揮調度並負全責，這也正是為什麼中鼎的專案經理通常要到比較成熟的年齡，累積了實力與口碑，才有能力『扛大旗』，勝任重擔。」

的確，依照余俊彥的描述，這樣的專案人才必須具備EPC[2]整合能力，還要有與國際接軌的實戰經驗、懂得管理各類風險，要如期（時間）、如質（品質）、如預算（成本）完成合約責任，才能達成客戶期望且獲得信賴，為公司創造最大價值。

信念傳承，贏得工程界最高榮耀

而中鼎許多能浮上檯面，成為各事業單位高階主管的人才，大多接受過專案洗禮，擁有深厚的底氣，而能快速成長。從早期的主管，例如中鼎前總經理林日東、建造部主管蔣博淳、設計部協理李根馨、錄取余俊彥的斯蓓等，到如今集團決策中心的高階主管，都具備深厚的工程技術背景，也正是願意這樣長期培養人才，才能讓中鼎拿下一個個令人欽羨的專案，擁有傲人的硬實力。

工程界前輩專注奉獻一生的精神，影響著一代代中鼎人，讓他們有更強烈的信念，願意一步步奠定厚實的基礎。而這樣的信念傳承並非空談，一棒接著一棒的中鼎人，陸續以贏得工程界最高榮耀——中國工程師學會頒贈的「工程獎章」，做為最有力的證明。

早在1979年，首任董事長暨總經理王國琦便獲得了這個獎項，余俊彥也在2000年獲獎，其他還有童亞牧、林俊華、楊宗興等人，都因為領導中鼎為工程界做出卓著貢獻而獲得這項殊榮。

顯然，獎項無法傳承，能夠傳承的是中鼎培養工程人才、引進工程技術、發展工程事業的經營宗旨與精神。而這些榮耀，正彰顯出許多中鼎人在工程界貢獻一生，秉持工程人一貫的扎扎實實、懃懃懇懇的精神，厚植硬實力，在國內外工程領域發光發熱。

成功需要厚積薄發，需要積累沉澱。在工程領域稱霸台灣、揚名國際，中鼎人做到了。

注釋

1. 台語，敲大錘，意謂做苦力。

2. Engineering（設計）、procurement（採購）及construction（建造）。

第二章

意志力——
化痛苦爲養分，化逆境爲轉機

台灣管理學大師許士軍，以「現代的張騫和班超」形容中鼎人在海內外不畏艱難、勇往直前開疆闢土的精神。

中鼎八千大軍走出舒適圈，面對、適應並克服環境、氣候、文化、風俗等差異，在世界各地闖蕩，所依靠的是志氣、勇氣和不服輸的精神，以及苦幹實幹、接受挑戰的意志力，在全球工程界打下一片江山。

不分日夜征戰國際

「有一年，我跑了二十六趟，等於兩個星期出國一次，」集團總裁余俊彥細數過去勤跑業務、當空中飛人的歲月，「有一次臨時有個重要會議，我搭飛機到美

國洛杉磯，一下飛機，洗個澡就去開會了，晚上又搭飛機回來。」

「日本最少去過一百趟，全部都是機場、餐廳、辦公室、旅館，沒有一次是去玩的，」他勤勞拜訪客戶，相信見面三分情，面對面交流所傳遞出的溫度能加深做生意的誠意。

但頻繁的飛行及時區轉換，對身心影響甚鉅。

以台北到紐約為例，時差十二個小時。余俊彥回憶，他往往望著天花板熬到天亮，好不容易有了睡意，結果卻是必須起床的時刻；為了調整時差只好吃安眠藥，總算可以一覺到天亮，精神抖擻地工作，但好不容易這樣過了兩、三天，時差調整過來，又該回台灣了，得從頭調整一次。

的確，中鼎人幾乎常年都在征戰的途中，一個海外專案工程長達三、五年，不是長駐就是成為空中飛人。余俊彥當年如此，集團副總裁楊宗興亦然。

工程事業群副執行長蔡國隆記得，有一次跟時任總經理楊宗興出差，至美國東岸克里夫蘭與供應商開會，為期三天，「我們先飛到西岸，然後轉機到東岸，到達飯店時已凌晨三點，辦理入住，洗個澡，六點半吃早餐後，驅車前往目的地，九點準時開會；下午開完會，吃完晚餐後搭機返台，回到台灣已是午夜，隔天照常七點上班。」

還有一次，到印度跟下包廠商開會，「每天早上十點開會到晚上九、十點，回到飯店大概十一點；煮個麵吃，回房間休息三十分鐘，凌晨一點又到楊總房間集合，打電話回台北，由楊總主持會議，開始分派任務；然後我們再討論到凌晨三點，做成會議紀錄後寄出；小睡一下，吃完早餐再出去開會，大概維持一個星期……」蔡國隆回想當年印象深刻的出差經驗，不諱言，「當時全憑意志力支撐，才能完成任務。」

但，這就是典型中鼎人的拚搏精神。

楊宗興也分享自己的經驗。他提到，當年曾經為了一個越南CaMau電廠的案子，前前後後飛到越南七、八次。如果只是飛行次數多也就罷了，問題是越南電廠工地位處湄公河三角洲非常偏僻的地方，「我們要先飛到胡志明市過一夜，半夜就要起床，凌晨搭上俄國製的螺旋槳飛機，飛到CaMau機場後再換車子，光來回車程就需要花費大約三個小時。」

不只做對、更要做好

余俊彥、楊宗興的經驗不是特例，而是許多中鼎人相濡以沫，總是以高標準要求自己必須把工作做好的常態。

2002年中鼎和西班牙TR[1]公司合作，承攬中海殼牌化工廣東專案時，現任工程事業群副執行長李民立當時擔任專案經理，他說：「在長達兩年的專案執行期間，一個月之中要飛西班牙馬德里、北京、廣東，或飛回台北，配合四個地方的時間來開會、溝通。睡得很少，電腦二十四小時開著，隨時都有郵件通知進來，我會立即接收回覆。」

工程事業群副執行長、中鼎煉油石化工程事業部總經理鍾士偉，則是曾經有過一段中東、台灣、美國宛若沒有時差的日子。

2015年至2017年他派駐沙烏地阿拉伯，同時還要遠距協助督導兩個台灣中油的專案，「沙烏地的工作日是星期日到星期四，而週五、週六是中東休假日，卻是台灣專案的工作日，我會利用這兩天召開台灣專案會議，在有限的時間內進行討論及決策。」然而，自2018年開始，鍾士偉的工作又多了一個時區。

「那年開始，我前往美國負責德州專案，同時還要兼顧沙烏地、台灣的工作，作業時間變得更緊迫，」鍾士偉解釋，同時管理三個不同時區、不同特性的專案，對於經理人來說是很大的挑戰。

如此超高強度的工作壓力，對身心都是嚴厲的考

在超高強度的工作壓力下，中鼎人賴以支撐的是責任心，是要做對事情、更要把事情做好的自我要求。

驗，曾經外派的中鼎人無不心有戚戚焉。而賴以支撐的是責任心，是要做對事情、更要把事情做好的自我要求。

在磨練中培養抗壓性

中鼎在國內承攬的工程遍及各地，有些工程難免影響居民生活，也會遭遇形形色色的挑戰，考驗中鼎人外部溝通的能力。

2000年左右，中鼎承攬中油輸配液化天然氣到新桃電廠的長途管線工程。輸配管線沿著台3線開挖，經過的土地可能是民宅，也可能涉及國防駐地，「我學會了跟公路局、公務機關、當地居民或地方員警溝通，」當年才二十五、六歲的鍾士偉，被調派到新竹關西擔任監工。

「工程遇到的困難什麼都有，很考驗我們的能力，」他舉例，「曾經有人躺在挖土機前，抗議祖傳水管被挖斷，可是地面土方裡根本找不到水管。」

「還有一次，工地附近發生車禍，」鍾士偉回憶，「為了確認責任歸屬，當時我經常跑派出所做筆錄、協助釐清事實。」

不過，「面對來自各方的壓力，反倒讓我學習到涉外的管理能力和協調溝通能力，」鍾士偉感謝曾經走過的艱難，讓他從中學習成長。

事實上，在挫折與挑戰中培養強大的抗壓性，本就是中鼎人一貫的信念。在台灣如此，面對全球強勁對手環伺，要爭取國際業務時，更是如此。

「我曾長達兩年沒有拿到任何一個案子，連續二十幾個月簽約額是零，」中鼎美國董事長陳裕仁記得，他擔任東南亞電力業務主管時，每個月都要報告部門簽約情況，但那陣子東南亞都沒有標案，他拿不出成績，每次開會都被余俊彥特別關切。

不過，余俊彥並不只有要求，也會給予鼓勵。

「總裁說：『業務不是比你能拿多少工作，而是比誰能夠堅持下去。拿不到案子時，你才知道做業務有多痛苦。』他鼓勵我要長期耕耘，忍辱負重才能守得雲開見月明，」陳裕仁笑著說，「機會來自於不輕言放棄的堅持，後來我終於成功拿下Thai Oil公司3億美元的汽電共生統包專案。」儘管挫折不少，他依舊勤跑業務，化痛苦為養分，終至開花結果。

全力以赴，絕不輕言放棄

確實，中鼎人就是遇到任何困難都全力以赴，絕不輕言放棄，以堅毅的決心達成使命。

1995年，中鼎標得中油高雄煉油總廠左營廠和大林廠汽電共生設備統包工程，在中油四個汽電共生專案中一口氣拿下三個標案，由中鼎和益鼎共同承攬。蔡國隆當時擔任左營專案的方法設計主管，之後由他兼任試車經理。

這是中鼎第一個汽電共生統包案，且在最後關頭面臨高度的時間壓力。

「建造過程中已進行交叉試車，建造完工時還要做性能測試，可是在這個案子裡，完工後僅剩數天時間可做測試，」蔡國隆說，最難的是做性能測試要連續二十四小時不能停機，且依合約需切換三種燃料試車，每種燃料都要連續二十四小時試運轉，切換燃料還要再花四至六小時，「前後加起來，需要五天時間。」

負責掌控全程的他必須坐鎮指揮，可是參與試車作業的人員只有兩、三位，只能每個人輪流睡覺。

「當時幾位同事輪流守著機器，其中有一位在休息時，居然沒有另尋他處，就直接在高達120分貝的環境中沉睡，可見大家有多疲累，」蔡國隆感念同仁的辛苦，也感慨當初的種種不易。

「試車工作就是拚了老命也要把它完成，」他說，「一般試車時程是三個月，我們只用了五天就完成，而那五天中，我只睡了六個小時。」

如果不是具備鋼鐵般的意志，絕對很難做到，但這樣的挑戰不只一次。數年後，蔡國隆轉調其他專案時，再次借調到泰國負責試車，又是一場與時間賽跑的任務。

「如果半年沒有做起來，這個案子就等於是失敗了，」蔡國隆接到這個訊息時，已經知道工期嚴重延誤，但當他到了泰國工地還是忍不住驚呼：「這樣半年怎麼做得完！」可是已經答應接下這個任務，只能硬著頭皮上場。

「那半年，我沒休過一天假，每天早上六點從宿舍出門，晚上九點收工，之後，內部開會安排隔天的工作大約到十一點，回到宿舍往往已經十二點，」他形容當時的緊張程度。

不懼挑戰，化危機爲轉機

中鼎高科技設施工程事業部主管彭俊賓，也有類似經歷。

他回憶，當時中海殼牌化工廣東專案，目標預定在農曆年前鋼構進度到達100％，「我去了之後，每天工作到晚上十一點半，全力趕工，兩個半月後達到97％以上。」臨危救援成功，也因此取得業主信賴，更建立了長久的合作關係。

工程事業群執行長李銘賢，更是以超越客戶期待的效率完成任務。

2021年，台電台中火力發電廠煤倉輸送帶在凌晨起火悶燒，燃煤機組的燃煤存量不到一個月。當下，若輸送帶無法修復，燃煤不足造成斷電，影響的是整個台灣。

情勢緊急，台電高層一早就打電話給楊宗興請求協助。當時擔任基礎及環能工程事業部主管的李銘賢，一早接到董事長楊宗興的電話，要求他盡快趕到現場了解情況。

他到現場後，在場的官員問：「若動用所有人力、物力，最快多久可以修復？」正巧，中鼎正在承辦一項類似的輸送帶工程，李銘賢回答：「六個月。」

他的答覆令對方不敢置信，因為台電同時也請另一家工程公司初步評估，需要一年半才能完成修復。

那段期間，在大火後又遇大雨，工地天天抽水，兩個月後還無法開始修復輸送帶，但是，「之後我們二十四小時加班，拉管線、配電、修理儀表、做輸送帶……，好幾個晚上都是燈火通明，趕工一個多月，最終如期完工，」李銘賢自豪地說，在團隊協力合作下，解決了全民用電的燃眉之急，自然也獲得台電高層一致的肯定。

勇於承擔的慣性

勇於承擔責任，是中鼎人的慣性。

2015年9月18日，台電大林電廠更新改建計畫進行輸電線工程的潛盾洞道施工時，造成高雄小港區中林路路面塌陷30公尺深，波及中油、中鋼、中華電信用戶及當地自來水用戶。

萬鼎是承攬包商之一，依契約責任，萬鼎與聯合承攬夥伴共同面對賠償損失。智能事業群執行長吳國安記得，當年他才接任萬鼎董事長不久，但是遇到突發的災變，「當然是立刻到現場處理！」

「前後花了三年時間，平復災害並完成工程，」他感慨卻也自豪地說，「這是中鼎信守的承諾，不能讓客戶損失，即使賠錢也要做完，是負責任的信譽保證。」

全心投入，家人是最佳後盾

親情與工作經常無法兼顧，和家人聚少離多，也是中鼎人的考驗。

余俊彥在高雄借調中鋼擔任監工的那一年，剛出生的兒子就留在台南由父母照顧，太太則在台北上班，一家人分隔三地。

彭俊賓第一次外派泰國時，「孩子剛出生不久，等我回到台灣，小孩已經快滿一歲了。」在職業生涯中，外派的任務不斷，泰國、馬來西亞、美國，合計將近二十年時間在異鄉，每三個月回台灣一次，與家人聚少離多。

殊不知，即使人在台灣，也難兼顧家庭。

蔡國隆第一次受派到中油高雄煉油廠試車，一年只回台北兩次，「雖然週末放假可以回家，但工作沒做完，根本不可能回去。」當時他的兩個小孩分別才兩歲、五歲，只能辛苦太太身兼數職。

若是夫妻兩人都是中鼎人，要與家人相處就更加不易了。

陳裕仁和妻子便是如此。孩子還小時，若到週六、週日工作依舊做不完，就會「兩個人猜拳，猜贏的人去加班。」可是，後來陳裕仁外派泰國，舉家遷居泰國三年半，當時老大念小學三年級，老二則是幼稚園中班，太太只得離開職場，專心照顧小孩。在家庭和工作之間，魚與熊掌不能兼得，只能取捨。

而對楊宗興的兒子來說，「爸爸是最熟悉的陌生人」。剛加入中鼎就到高雄工地報到的他，「一個星期

中鼎人以正向積極的態度，將痛苦化爲養分，不斷培養解決問題與困難的應變力與韌性，成就中鼎今日「台灣第一、全球百大」的地位。

或一個月才偶爾回家一次，週末過後又離家，不是外派就是在工地。」

孩子長大後他曾問過兒子，在成長過程中，對爸爸印象最深的是什麼？

「他覺得我工作很辛苦，記得讀小學時，週末經常陪我到公司加班，他就坐在對面辦公桌寫作業，感覺我對同事很凶，他中午午休時趴在桌上，都不敢抬頭，」楊宗興坦承，做專案和同事一起加班討論、處理事情時，「我的態度很嚴肅，口氣很嚴厲。」

資源循環事業群執行長廖俊喆則談到，孩子對過年印象最深刻的是，「全家坐在車子裡，從台灣頭到台灣尾『看垃圾』。」以前，大年初一，他就帶著一家人從台北開車到台南，巡視每一個焚化廠，配合廠裡拜拜或去發紅包，但「不論到哪個工廠，我一定會去看貯坑中的『垃圾』，所以孩子從小就知道爸爸的職業是處理垃圾的。」

工程在哪裡，中鼎人就在哪裡；但相對來說，有工程進行，就隨時可能發生突發狀況。而不可預期的危機變數，可能是恐龍化石或一隻海龜。

化解不可測的變數

位於美國紐澤西州的蘭伯頓太陽光電電廠[2]，準備執行時就曾因恐龍化石，一度造成無法興建的危機。

2011年，專案團隊接獲當地法院通知，在工地西南角地底下可能埋藏恐龍化石，不得施工破壞歷史遺蹟。經過幾次公聽會及開庭波折，檢舉人遠居他州未有充分證明，但後續又有印地安遺址的插曲，只是最終都查無實證，才順利通過審查程序。

此外，一隻海龜也可能導致停工。

在馬來西亞沙巴，中鼎承攬Kimanis複循環發電廠，必須於大海中埋設一個取水口與一條400公尺的管線，拉進電廠引入海水。沒想到，本就苦於海水管線無法順利埋設，居然還有一隻海龜穿過取水口柵欄，游進30平方公尺大的過濾池。為避免海龜受傷，只能緊急停止埋放工程，動員三十幾位工人捕撈，將海龜送出海。

當然，除了古代化石、動物，儀器也會出狀況。

在泰國工地進行穩定性測試時，液位計總是在半夜響起警報，經過多方查證，「發現是其中一個數位晶片有問題，但一度有不少泰國工人以為是靈異事件，」談起外派經驗，無數個以廠為家的日子，彭俊賓滔滔不絕回溯在工地發生的點點滴滴，而外人耳中的傳奇軼事，都是無數中鼎人在異鄉打拚的甘苦。

記取SARS經驗，疫情期間營運不中斷

當面對生命安全的疑慮與對未知產生恐懼時，更是意志力的大考驗。以全球為戰場的中鼎人在新冠肺炎和SARS疫情危機中，大多仍以捨我其誰、堅忍不拔的精神和意志力，堅守戰場。

2020年，全球爆發新冠肺炎疫情，時任長駐阿曼擔任LPIC專案負責人的李民立回溯當年說：「工地第一個確診的，是一位到醫院看病時被感染的外籍員

工。」傳出疫情後他當機立斷，緊急請包商調來五十輛遊覽車，一個晚上把當地包商引進的工人移村安置，集中管理。

當時在阿曼的台籍員工大約有一百人，家屬擔憂，希望讓這些員工返回台灣，但李民立分析：「家人只是要知道你在當地安不安全，移村、封城後，在工地反而安全；如果貿然回台灣，搭機途中數十小時的周折，不確定的感染風險更大，」他以此鼓勵中鼎人不畏不懼，留在異鄉完成使命。

疫情影響全球經濟，工程進度難免也受影響，但最終中鼎在中東的專案仍順利進行並結案。能夠防疫調度如此穩定有序，來自於李民立及中鼎人在二十多年前SARS爆發時，已然歷經一場震撼教育。

2003年，SARS疫情在台灣爆發，中鼎在中國大陸廣東惠州的專案正在進行，有七位員工恰好搭上傳出疫情的廣東經香港返台的班機，回到台灣後，經過七至十日陸續發病，確診染疫，甚至有員工住進重症加護病房。

「那時我很痛苦，內心非常煎熬，因為是我派他去出差的，」當時擔任專案經理的李民立自己是接觸者，因此居家隔離，然而他自責之餘，更多的感受是不捨同事受苦，及至二十年後的現在，再談論當年，他仍語帶哽咽。

患難見真情，中鼎人在征戰沙場的歷程中，已培養出革命情感。

至於中鼎總公司，在確認員工感染SARS病毒後，立刻與台北市衛生局開會，決定所有和七位染疫同仁有接觸的約四百位同仁居家隔離，由衛生局協助送便當，那時，路上行人經過中鼎大樓時都跑步前進，怕被傳染；同時，余俊彥也迅速宣布，一連四天停止上班，大樓全部淨空消毒，最後控制了疫情蔓延。

記取SARS的經驗，這次新冠肺炎疫情爆發，中鼎迅速成立跨公司、跨部門的全球防疫指揮中心，並與台北醫學大學附設醫院等醫療院所合作，進行企業快篩，並鼓勵同仁居家快篩、施打疫苗等，此外也提供海外差旅防疫備品、協助駐外返鄉需要隔離的員工，安排防疫旅館等事宜。

克服生活、文化差異

距離產生差異，陳裕仁在EMBA課程學習時，印象很深刻同時深有同感的是「距離框架」（CAGE Distance）理論。

這是哈佛學者葛馬萬（Pankaj Ghemawat）於2001年提出的主張，他認為在現今國際社會中，影響兩國之間貿易活動的重要問題，是存在於「C」文化（cultural）、「A」行政（administrative）、「G」地理（geographic）、「E」經濟（economic）等四個面向的距離；其中，文化的差異影響至鉅，甚至考驗心性。

說到外派的經驗，各國之間的文化、習俗、法律各異，而這樣的差異，險讓余俊彥早年在美國時遭遇牢獄之災。

「我在美國曾因為開車被銬上手銬，關進拘留所三個小時，」余俊彥談到，四十五年前外派美國當採購代表時，因駕照不小心過期，差點意外成為階下囚。

在美國任期約一年半時，他發現簽證到期，於是開車到紐澤西州的紐瓦克（Newark）辦理簽證更新。辦完加簽後，開車出來誤轉入一個單行道，結果警車鳴笛追來，「我以為他們追強盜，趕快靠邊停車讓道，沒想到警車也停車，要求我拿出駕照。」

但看完駕照，警方要求余俊彥離開車子。「我下車後，警察喝令我雙手扶著車子，先搜身，然後銬上手銬，原因是我的駕照過期，」原來國際駕照有效期限一年，他在美國待了一年多，並未注意到效期。

警方持槍，余俊彥不敢爭辯。像電影情節般，他被帶上有鐵柵欄隔開駕駛座的警車，取走身上所有物品，關進拘留室——對身處異國的他來說，無疑是一大考驗。

在台灣，駕照過期，頂多罰款；但在美國，駕照過期等於無照駕駛，是現行犯，標準作業程序就是要上手銬。無奈，他只能打電話通知Lummus專案經理帶著律師援救，並被帶到臨時交通法庭。儘管心裡不服氣，他還是當庭認罪，罰款15美元，加上25美元吊車費，繳交40美元後獲釋。

其實，中鼎在海外的政策是，希望同仁盡量不要自行開車，因為早年曾有員工在沙烏地發生重大交通意外，事後處理延宕了好幾個月，因此基於安全考量而有了這樣的要求，但這項政策也因地制宜，幅員廣大的美國不可能雇用司機，所以不在禁止之列。

除了交通法規之外，還有許多文化差異，包括語言、飲食、習俗、信仰和價值觀等，像是在中東等國家，就有不能飲酒、禁食豬肉、穿著不得暴露、不能與女性接觸等種種禁忌，稍不留意即可能觸犯法律，惹禍上身。

飲食習慣也得適應

飲食習慣的差異，也需要適應。

「在Lummus上班時，辦公室的午餐天天吃漢堡，老美廚子每天問：『lettuce and tomato？』千篇一律是漢堡夾萵苣生菜加番茄，」余俊彥回想在美國當採購代表時，每天面對西式餐食，不禁搖頭苦笑。

終究腸胃無法適應，「只好晚上自己開伙，和來自台灣的二十幾個相關專案業主及同仁，輪班採買食材、做飯、洗碗。」而會說廣東話的他還被派發特別任務，週末要到唐人街買回豬板油，煉製豬油炒菜。

長年生活在異鄉的中鼎員工，若選擇性有限時，就必須靠著堅強的定力和意志力，才能克服生活及飲食上的不便。

跨越藩籬，溝通管理大不同

因地理環境、天候因素的差異，會有水土不服、身體適應的問題，可以用時間克服；但在工作中的人際互動，則需要更多的磨合與調適，還要耐住性子，才能化解誤會或可能引發的衝突。

陳裕仁赴美上任一年多，即感觸良多。

深知台美兩地的文化不同，他上任後，便期望能建立相互尊重的企業文化。

陳裕仁意識到，與美國員工談話、應對時語氣應和緩，用手指著對方說話更是大忌，用詞和肢體語言都要非常小心，但這很容易被非英文母語的人忽略。他舉了一例，剛到美國時，他發送電子郵件給一位員工，第二天美國總經理告訴他，那位員工揚言要離職。

當下陳裕仁十分不解，了解之後才驚覺茲事體大：「那位員工處理事情有個小疏失，我用了『negligence』這個單字，本意是提醒他粗心犯了小失誤，未料在美國negligence為法律用詞，是負有法律責任的意思，因此對方覺得我的指控過分嚴厲。」

語言、文字上的表達是一門藝術，溝通管理的能力亦需不斷精進。

在沙烏地，台灣調派過去的員工大約只有10%，其他90%是當地雇用，「大多是印巴人（印裔巴基斯坦人），或來自尼泊爾、菲律賓，他們有自己的雇主，勞動條件相當差，但我們對待他們都要一視同仁，」鍾士偉說明，「我設立申訴信箱，凡是新進員工到工地報到都會約談，告訴他們在工地可能會面臨什麼事情，只要覺得心裡不舒服就寫e-mail給我，讓初來乍到的基層員工可以安心。」

「在中東，許多事情都是靠關係，必須和當地業主、政府打好關係，對上、對下都是如此，組成一個很緊密的團隊，」他更坦言，「在沙烏地，要讓業主也想跟你站在同一條船上分享榮耀，才會成功。」換言之，要做好溝通管理的功夫，才能讓工程順利推進。

經營之聖稻盛和夫曾說過：「在所有的力量中，最重要的特質就是勇氣和意志力。」

呼應這段話的精神，隨著業務及版圖的拓展，執行跨國工程遭遇的挑戰也愈來愈多，儘管總有許多不足為外人道的艱辛，但中鼎人始終以正向積極的態度，秉持冒險的精神、挑戰任務的勇氣，將痛苦化為養分，不斷培養解決問題與困難的應變力、抗壓性與韌性，一一轉化為無比堅毅的意志力，使命必達，化逆境為轉機，終於成就中鼎今日「台灣第一、全球百大」的地位。

注釋

1. Técnicas Reunidas。
2. 位於金融中心紐約曼哈頓與政治中心首府華盛頓之間，占地近20萬平方公尺。

第三章

突破力——
多元轉型，變革再造

2016年，中鼎集團組織大變革，是突破成長重要的一年。

6月20日品牌銳變揭幕記者會上，「CTCI」以嶄新的國際化品牌形象正式亮相，中鼎集團旗下子公司也同步在當天更新為一致的「CTCI」品牌識別。

過去，在台灣工程界第一的中鼎是本土耳熟能詳的品牌，但在國際上的能見度、識別度和認同度明顯不足；此時藉由「CTCI」揭牌，重新創新定義品牌價值以行銷國際，站穩工程界的全球舞台。

「我們不只是蛻變，更要銳變，」集團總裁余俊彥堅定地說，在世代交替的洪流中，要與時俱進，創新求變。而這場銳變之旅品牌只是開始，舉凡組織、商業模式，都在變革過程中一一開展。

2016年，是中鼎的品牌元年。

打造最值得信賴的工程品牌

過去，務實耕耘工程服務的中鼎並未著力品牌形象包裝，甚少對外宣傳，海外知名度不高。但隨著余俊彥對於國際業務的期望愈來愈高，在國際市場推廣業務時，縱使打出「台灣第一」的名號，很多國際公司對中鼎仍所知甚少，業務人員亦難以對外行銷。

直到2015年，中鼎一反過往低調的企業形象，正式成立集團品牌管理部，進行品牌銳變專案，開始建立集團品牌定位與架構，負責推動品牌策略、對外溝通及媒體關係，並且架設中、英文雙語網站，全面加強行銷，凸顯中鼎專業、國際化的品牌形象。

為了提煉品牌價值，中鼎參與經濟部工業局的「品牌台灣發展計畫」，由顧問公司協助診斷，結果發現中鼎當時四十幾家子公司，有二十幾家的公司標誌（logo）都不一樣，品牌識別缺乏一致性，在國際市場認同度及能見度差。

2016年，中鼎做了一個大膽的改變——改以「CTCI」做為品牌識別標誌，統一國際品牌形象；過去的六角形企業標誌則置於英文標誌右上角，象徵「CTCI」的資源集合智慧及經驗的N次方，另以橙黃色取代原本的金色，表現中鼎人的熱忱和活力。

雙品牌行銷全球

透過一致化的品牌識別標誌，中鼎用心讓國際同業及客戶認識到，旗下子公司都屬於同一個集團，發揮更大的品牌效應。

在品牌揭幕記者會中，余俊彥特別提出「Discover Reliable發現信賴」的品牌標語，強調要將「最值得信賴」的品牌精神內化為企業文化DNA，共同發現信賴、創造信賴，為集團永續經營創造下一波成長，成為「最值得信賴的全球工程服務團隊」。

2017年，中鼎賦予子公司崑鼎資源循環品牌

「ECOVE」，以「Every Resource Counts」做為品牌標語，讓投資人、業主及政府感受到崑鼎進軍國際的決心，並藉此強化行銷，提升台灣資源循環產業的競爭力，讓國際認識崑鼎，也由此開展實踐循環經濟之路。

這段品牌再造的努力隨即獲得肯定。「CTCI」得到全球品牌再造領域最具權威的REBRAND 100®「2018全球百大品牌再造獎」（2018 REBRAND 100® Global Awards）；國際品牌價值調查機構Interbrand也將「CTCI」評選為「台灣最佳國際品牌」（Best Taiwan Global Brands），是工程產業唯一入選企業。

中鼎銳變打造出國際雙品牌的策略，也落實在營運實績上。2023年集團年度營收突破千億元，創下設立近四十五年來歷史新紀錄；新簽約金額連續四年維持逾千億元水準，在建工程3,469億元也創下新高紀錄。

組織改造，資源共享創造綜效

2016年12月24日，在中鼎總部大樓10樓會議室進行的策略共識營，以新品牌、新組織、新市場做為會議的三大方向，宣示集團組織再造，把旗下四十餘家海內外關係企業，依據產業特性重新劃分為三大事業群：工程事業群、資源循環事業群、智能事業群，並成立一個共同服務中心——集團總管理處，以提供資源共享服務，發揮資源整合綜效。

三個事業群，由集團旗下的三家上市櫃公司——中鼎、崑鼎和新鼎，分別領銜。

工程事業群以中鼎為首，目前成員包括：俊鼎、中鼎化工，以及泰國、新加坡、越南、馬來西亞、中國大陸、印度、沙烏地阿拉伯、卡達、阿布達比、義大利、美國等各海外據點。

資源循環事業群以崑鼎為首，涵蓋：信鼎、倫鼎、裕鼎、元鼎、暉鼎、耀鼎、瑞鼎、榮鼎等子公司。

智能事業群以新鼎為首，包括：萬鼎、益鼎等子公司。

這是中鼎成立以來，最大的組織變革。

「這樣重大的改變，有兩大主要目的：一是綜效、二是傳承，」余俊彥明白地說，藉由歸納整理各公司業務屬性，讓事權統一、人力互補，節省經常性開支的費用，增進集團組織垂直整合及橫向溝通的效率。

擴大參與，培養接班團隊

余俊彥提到的組織變革另一個重要目的——傳承，落實在具體做法上，便是藉由讓更多高階主管參與集團運作及決策過程，讓他們學習承擔責任、接受磨練，進而加速成長、建立宏觀思維，以培養集團未來接班梯隊。

同時，中鼎成立集團決策中心做為最高指導單位，當時的成員包括：時任董事長余俊彥兼任集團總裁擔任集團決策中心最高領導人、副董事長林俊華為集團首席副總裁、常務董事許一鳴為集團次席副總裁、總經理楊宗興為集團副總裁。

目前的成員，則包括：集團總裁余俊彥、集團副總裁楊宗興、中鼎美國董事長陳裕仁、工程事業群執行長李銘賢、資源循環事業群執行長廖俊喆、智能事業群執行長吳國安、集團總管理處執行長李定壯，還有工程事業群李民立、鍾士偉、蔡國隆三位副執行長，以及高科技設施工程事業部主管彭俊賓。

這群人構成中鼎集團的決策核心，同時被賦予擘劃集團願景與使命、樹立集團企業品牌與文化、擬定集團營運策略目標，以及整合集團資源與分配、審核各事業群中長期發展策略和年度經營績效考核等重大任務。

服務創新，從設計到統包一條龍

中鼎致勝的經營策略之一，是工作範圍的延伸與拓展。

通常，工程公司承攬的業務型態大概分成三種：

第一種是工程顧問（consulting engineering），以規劃設計為主，著重圖面設計作業。

第二種是土木營建（construction engineering），負

責現場建造，依照圖面施工。

第三種則是統包（EPC），從設計、採購到建造，著重依照客戶需求，透過各種專業工程人員設計，將客戶建廠需求轉成設計圖及施工圖等圖面，再進一步結合協力廠商，依據工程圖面完成施工，提供一條龍的專業工程服務。

統包工程的執行首重統籌協調，且需面臨法律、規範、資金、技術、文化、種族等方面的問題，複雜和困難程度遠遠超過前兩種業務型態。

一開始，中鼎從協力廠商做起，跟著國際大工程公司練兵，逐漸成為統包工程承攬商，可提供包括規劃、設計、採購、建造、試車等各項服務，持續鍛鍊實力，在海外市場找到競爭利基，終於逐步超越同業，成為台灣工程界第一。

三足鼎立，穩固發展基盤

中鼎以煉油石化起家，配合十大建設的工程建造，業務及規模大幅成長，是台灣經濟奇蹟的見證者。

八〇年代，中鼎的業務主軸是以煉油、石化、化工等工程設計建設為主，除了台灣市場，也跟著國際工程公司征戰海外，參與沙烏地、新加坡、馬來西亞、泰國及菲律賓等國煉油石化市場建廠工程；然而隨著中鼎成長茁壯，煉油石化市場就顯得不足了。

所幸，成功永遠是留給準備好的人。

「我們不怕沒機會、沒發展，怕的是停滯不前、滿足現狀、不願突破，」余俊彥說，多年來的秣馬厲兵，使中鼎可以開拓的市場變得多元，此時陸續登場的中鋼第一、三期和電廠工程，就讓中鼎有機會在既有基礎上往橫向發展，開始承接各領域非石化工程。

中鼎的變革是順應時代趨勢潮流、創新求變的最佳選擇，且在多元化新業務推展的過程中，一步一履地踏實前進。

2000年左右，中鼎在非石化領域，例如：電廠工程、交通工程、一般工業、環境工程，逐漸建立口碑，石化和非石化兩大業務領域大約維持各占五成左右的平衡局面。

到了2020年，在余俊彥看好科技產業工程趨勢下，又新增設高科技設施工程事業部，迅速為中鼎打造業務的第三隻腳，形成石化、非石化及高科技三足鼎立的態勢，也為中鼎奠定更穩固的基盤。

從歷史的軌跡看出，中鼎每二十年一次大變革，都是順應時代趨勢、創新求變的最佳選擇，且在多元化新業務推展的過程中，靠著一步一履踏實前進。

向下整合，從建廠工程到維護營運

除了業務範圍的延伸，中鼎在承攬工作的範疇上，繼從設計走向統包，更積極從建廠工程的範疇，延伸至更下游的操作營運與維護（operation & maintenance）。而這一切的開端，要從中鼎環境資源事業部的前身，環境工程部的成立說起。

八〇年代，台灣環保意識抬頭，中鼎在1984年起設立環境工程部。1988年6月進入中鼎環工部固體廢棄物組，現為資源循環事業群執行長的廖俊喆一語雙關地笑著說：「我進的是『垃圾』部門，固體廢棄物，其實就是垃圾。」

過去，一般廢棄物處理是由地方政府興建垃圾掩埋場掩埋處理，但行政院環保署在1990年開始推動垃圾資源回收（焚化）廠興建工程計畫，「這就是中鼎的機會！」他指出，在政府積極推動都市垃圾焚化廠「公有民營」政策下，環工部迅速發展成為重要的專案部門。

此時的中鼎雖然有技術顧問服務及建廠技術經驗，卻沒有操作營運經驗，但當時的高層已經看見焚化廠是未來環保趨勢，勢在必行。於是在1994年，中鼎轉投資成立信鼎技術服務公司，以垃圾焚化廠營運管理為主，隔年成功取得台北縣（2010年改制為新北市）新店焚化廠的操作營運維護服務合約，新店焚化廠也因此成為全台第一座公有民營焚化廠。

「那是當時集團第一個從工程服務業務跨至操作營運的先例，」當時先擔任報價經理，後又接任專案經理兼副廠長的廖俊喆笑著說：「董事長王國琦及童亞牧等多位董事會成員，特別到新店廠視察了解。」有了實際經驗後，中鼎再次拿下台北縣樹林焚化廠的操作營運維護服務合約。

九〇年代，是中鼎延伸價值鏈往下游練兵的階段。除了廖俊喆參與新店焚化廠操作營運，陳裕仁則曾借調到樹林焚化廠，擔任主承包商日商三菱重工的現場工程師，彭俊賓當時也派駐高雄市南區焚化廠擔任土木工程師。一點一滴，中鼎持續累積經驗，為未來鋪路。

向上延伸，打造投資開發新商模

隨著全球對環境保護日益重視，環保工程是龐大市場，尤其是焚化廠，政府積極推動以BOO（建造—

擁有—營運）、BOT（建造—營運—轉移）方式，委託民間興建。早已看見並提前布局的中鼎自然不會錯過此一風潮，決定將建廠工程及操作營運服務，再延伸至上游的投資開發。

2000年，中鼎投資的崑鼎以BOO模式投標「台南科學工業園區資源再生中心專案」，隔年7月又再與台南科學園區開發籌備處簽訂廢棄物處理中心興建營運工作契約；後來台南科學工業園區籌備處升格為南部科學工業園區管理局，在2003年重新發包，崑鼎再得標並營運至今。

同樣是在2000年，中鼎標得台中市烏日垃圾資源回收廠BOT工作，是國內第一座採BOT模式營運的大型都市垃圾資源回收廠，倫鼎就是因此而誕生的特許公司，統管該廠房的投資、興建、營運工作，於2004年2月進行功能測試運轉，同年9月6日正式營運，廖俊喆便是當時倫鼎的總經理。

之後，中鼎又陸續成立暉鼎（廢棄物搜集清運處理）、裕鼎（苗栗垃圾資源回收廠BOT特許公司）等有關環境資源事業的子公司。此外，隨著業務規模擴大，中鼎的焚化廠、空污防治、電力等統包工程專案，被納入基礎環工及電力事業部的能源專案；而信鼎、倫鼎、崑鼎、暉鼎、裕鼎及轉投資的國光電廠等環境資源事業投資營運相關的子公司，則是在2004年整合成「環境資源事業部」。

全台唯一，從焚化爐興建到廢棄物清運管理

時至今日，中鼎已進入業務多角化時代，崑鼎更成為全台最大的廢棄物處理、環保資源回收、焚化廠營運公司，透過有效的廢棄物能源計畫，減少了90%以上所處理的廢棄物量。

累積至今，中鼎曾經規劃設計、建廠或操作運營過全台三分之二以上的焚化廠，包括：基隆廠、苗栗廠、后里廠、烏日廠、溪州廠、台南廠、南科廠及岡山廠等；其中，苗栗廠和烏日廠還是國內唯二的BOT焚化廠。就連在澳門，也有兩座焚化廠是由中鼎負責

營運維護。

至此，中鼎除了向下整合，也向上投資，成為全台唯一可提供焚化廠投資、建廠統包工程、操作營運到廢棄物清運管理一條龍服務的業者。

從台灣到國際，創造企業成長新曲線

回首前塵，中鼎見證並參與了台灣經濟社會發展的脈絡，不僅在煉油、石化領域獨占鰲頭，在非石化工程的基礎及環能工程事業領域，在環境工程、電力、交通領域也闖出一片天，捷運、高鐵都能看見中鼎的身影。而這些在國內累積的各領域實績與經驗，全都化為中鼎走向國際的養分。

八〇年代，跟著台灣捷運的發展，中鼎從捷運木柵線擔任法國MATRA（馬特拉）的小包商開始做起，之後擴展到南港板橋、土城延伸、新莊蘆洲、信義松山，以及正在建設中的萬大中和線、台北捷運環狀線北環段及南環段等機電系統專案，其他還有台中捷運及高雄捷運等。

現在看這許多捷運工程，或許感受還沒那麼大，但是八〇年代以前，台灣沒有公司會蓋捷運，如今中鼎不僅會做了，還走出台灣，在新加坡、馬來西亞的捷運建設中參與軌道工程。

至於在電力方面，中鼎過去都只能扮演協力廠商的角色，「直到大潭電廠專案，我們和三菱一起拿到統包案之後，在台灣的電廠業務幾乎沒有再丟過，」余俊彥自豪地說。

確實，2003年，中鼎和日本三菱重工取得位於桃園觀音的大潭電廠專案，可說是中鼎在電力業務發展的分水嶺，「大潭的發電量是台灣總發電量的十分之一，是台灣最大的天然氣電廠，也是中鼎第一個電力專案的統包案，」曾任大潭電廠專案經理的楊宗興說。

數十年間，中鼎在核能、火力、汽電共生及複循環機組等各式電廠興建工程各有斬獲，陸續取得台電林口、大林、通霄，以及台中與興達電廠等專案，其他還有民營的長生電廠、國光電廠、嘉惠電廠及森霸電廠等專案。

而在台灣練兵的卓越績效，又帶著中鼎走向海外，拿下馬來西亞Kimanis、Track 4A等電廠，以及越南及泰國等專案。不僅如此，憑藉著在台灣液化天然氣接收站豐富的實績，中鼎也成功將這個領域的業務拓展到中國大陸、印度及泰國。

多角化發展，營運再創高峰

多角化的業務發展，是企業通往持續成長、永續經營的途徑。中鼎不斷掌握趨勢及市場變動，調整組織結構，如同變形蟲般掌握新的組織型態與商業模式，以靈活、快速的銳變能力，從一家台灣本土公司走向國際，打入全球工程市場。

果然，在工程實力方面，2005年國際知名工程雜誌*ENR*公布全球工程公司排名，中鼎首次名列百大，此後數度蟬聯入選；在業務實績部分，2020年中鼎成立高科技設施工程事業部不到三年，就把高科技設施的業務比重拉高占公司業績三成⋯⋯，一次次的銳變實力展現，都將是帶領中鼎攀上新猷的豐沛動能。

「一個企業有沒有競爭力，要從每一個角度觀察，譬如看組織是否精簡，如果疊床架屋就會沒有效率，人家花一塊錢可以辦好的事你要花兩塊錢，就會被淘汰，」在組織改造陸續展現成果之際，余俊彥始終不忘初心，強調「一個組織若不每年檢討一遍，以後就會變成龐然大物，而且缺乏效率。」每年的共識營，就是集團各高階主管檢討、改造組織的最好時機。

要在競爭激烈的國際工程市場中，與歐美日等一線工程公司競逐，中鼎始終堅信，要掌握瞬息萬變的全球趨勢，持續創新、變革、銳變，朝著一致的方向往願景靠近，才能繼續打贏勝仗。

第四章

洞察力——
掌握趨勢，眺望未來

2020年《天下》雜誌發表「2000大調查」，〈台灣最強五十大集團〉報導出爐，中鼎集團總裁余俊彥仔細翻看研讀後心中一驚，因為和2000年排名比較，產業大洗牌，「新進入排名的都是高科技業，掉到五十名之後的都是傳統產業。」

二十年間，台灣產業出現翻天覆地的改變。

「趨勢往這邊走，你不能逆著它，要從中找到機會，」洞察未來，余俊彥重新思索，對中鼎在高科技事業的布局策略有了不同的想法。

2020年9月，中鼎高科技設施工程事業部（簡稱高科事業部）成立；隔年3月，在美國亞利桑那州鳳凰城設立辦公室，跟隨台灣大客戶前往美國拓展市場，以跟進半導體產業鏈帶來的龐大商機；7月，承攬位於亞

利桑那州的國際知名半導體建廠統包工程。

連串的動作，正式宣示中鼎進軍高科技事業，以系統化的建廠服務，承攬半導體、精密檢測、面板光學、電腦與周邊設備、資訊中心等高科技產業的設施統包工程。

備受矚目的亞利桑那州案，並非中鼎首次進軍美國市場。早在2010年，即在美國德州休士頓成立中鼎美國公司，業務領域含括煉油、石化、液化天然氣儲運、電力，以及太陽能光電替代能源等產業。

這一役，不僅翻新中鼎在美國工程市場的紀錄，更打響了在高科技業統包工程服務的名聲。對中鼎來說，這是重大的事業轉型契機，而高科事業部的成立也展現了余俊彥洞察市場趨勢的實力。

順時應勢，成立高科事業部

2020年，中鼎已經深耕工程服務領域四十年，到了應該轉型再成長的時刻。此時，集團旗下子公司益鼎正轉型聚焦高科技及智慧大樓工程，以半導體製造廠、光電產品製造廠等高科技廠房為業務目標，極力爭取高科廠房無塵室及水氣化系統整合工程。

某次，相關業務人員拜訪知名半導體業者時，對方詢問：「你們正在美國蓋一座很大的工廠？」

為何這樣問？

集團同仁的商業嗅覺十分敏銳。當時中鼎在德州興建全球最大的模組化乙二醇工廠，深入了解後發現，原來對方有意進軍美國，於是火速回報母公司。

在美國，中鼎有煉油石化、化工廠的建廠經驗，因此，這個專案一開始就納入煉油石化事業部研究及對接的窗口。

不過，針對這個專案的「歸屬」，「其實我們做了許多討論，原本一度考慮在煉油石化事業部底下成立一個科技類別的部門，」當時負責德州乙二醇廠的專案經理、現為工程事業群副執行長鍾士偉說。

但是，聽過一場演講後，余俊彥有了不同的看法。

「五奈米（nm）是什麼？把一根頭髮切斷，截斷面再削一萬次，就是五奈米，」余俊彥轉述，在一場演講中聽到台積電總裁魏哲家如此形容先進的半導體製程技術，讓他了解到，奈米愈小、運算速度愈快，「但晶片體積愈小，也是愈困難之處，小到連眼睛都看不到的東西，遇到地震或微振動就可能消失不見，空氣中落下一顆微塵也可能就遭到污染，因此晶圓製造需要非常穩固、清淨的環境，要在無塵室中生產。」

此外，「魏哲家分析，台灣半導體業能成為世界第一的成功關鍵，一是技術精進，二是追求良率……」余俊彥自信地說，「影響良率的，除了生產機器之外，就要靠工程公司。」

接下來他持續思考，如何協助客戶讓良率提升？

面對高科技產業的興起，中鼎以「有變化，就有機會；轉型，Never too late!」迎接挑戰。

廠房結構如何防止震動？廠區要怎樣才能夠潔淨到一塵不染？

果然，余俊彥很快便確認，這些都是中鼎可以提供創新工程技術服務的機會，在高科技產業中鼎能有更大發揮空間。

於是他下定決心，成立高科事業部。

很快，高科事業部業務觸角遍及台灣、美國、印度等地，陸續獲得台灣半導體龍頭及供應鏈廠商統包工程、台泥集團「三元能源科技」建廠工程、國際DRAM大廠建廠工程等。其中，三元能源科技的鋰電池廠，更是台灣首座超級電池工廠，可供應年產2.4萬輛電動汽車所需長程電池量。

短短兩年多，截至2023年年底，高科事業部累計簽約金額超過新台幣一千億元，占中鼎該年整體簽約金額34%，等於三分之一的訂單來自高科技產業，成為中鼎業務成長的新亮點。

不僅如此，根據*ENR*雜誌統計，2023年中鼎首次進榜，就憑藉進軍高科技領域的優異績效，在國際工程公司的十大製造業工程統包商排名中，拿下第9名。

生技、高科技，無役不與

「有變化，就有機會；轉型，Never too late!」集團副總裁楊宗興在2020年度的年報上，用這段話為股東說明當年成立高科事業部的決心。

令人好奇的是，《天下》雜誌的「台灣最強五十大集團」排名，成為催生中鼎高科事業部的引子，但台灣科技業創造的聲名及成就早已備受全球矚目，在統包工程界躋身台灣第一、全球百大的中鼎，也早已練就庖丁解牛的功夫，為何遲至這幾年才開始發展高科技事業？

「我們做過保生製藥、永豐藥品、藥華醫藥、超視堺廣州增城10.5代顯示器廠無塵室專案、瀚宇彩晶LCD廠、矽品IC封裝廠、穩懋半導體廠機電工程……」余俊彥唸出連串的製藥廠、生技廠、光電廠等名稱，說明中鼎過去在相關科技業的工程領域並未缺席。

事實上，他在升任總經理時，就把高科技列入業務多元化的發展方向，並陸續投入新的工程領域，在國內取得南亞科技半導體廠無塵室統包工程、台鹽膠原蛋白廠統包工程，以及台糖生技工廠設計工作等，正式將中鼎帶入電子及生化製藥領域。

「我們只是一直沒有把科技業當成主力，」余俊彥直言，中鼎從做高壓、高溫、高腐蝕性的煉油石化工程起家，「蓋科技廠房相對單純，不像化工廠，做不好是會爆炸的。」

迎接供應鏈區域化的機會與挑戰

看見產業類別的演化之外，余俊彥還看到市場的變化，從全球化走向區域化，供應鏈也由長鏈變短鏈。

過去企業從亞洲生產，然後輸出到歐美，屬於長鏈供應；但由於全球推行減碳政策，企業界逐漸正視碳足跡對成本的影響，加上中、美貿易戰不斷升級，促使歐美各國逐步調整布局，改至鄰近歐美市場的中歐、東歐和墨西哥等地區生產，全球化的長供應鏈變成區域化的短鏈供應。

2020年新冠肺炎疫情導致供應鏈斷鏈，明顯衝擊晶片供應，又進一步促使歐美各國推動製造業回流，甚至積極推動晶片在地生產，走向自給自足。

在海外征戰多年的中鼎，此時自然全力迎上這波供應鏈轉型的浪潮，發展高科技事業恰逢其時。

不僅如此，配合台灣半導體廠商在海內外擴廠，台灣高科技化學品供應鏈也追隨商機向外投資設廠，「不管是固體、液體、氣體，中鼎有專業也有經驗，只要可能會斷鏈的，我們都可與中、下游供應鏈一起攜手合作，」余俊彥說。

在供應鏈轉型的浪潮下，中鼎發展高科技事業恰逢其時，配合台灣半導體廠商在海內外擴廠。

此外，過去中鼎在資源循環領域及半導體產業累積的相關經驗，例如廢溶劑回收再利用、高科技廢水處理再回用、廢棄物處理等，也成為拓展高科技產業鏈中廢棄物處理與回收再利用業務等服務的基礎。簡言之，在高科技產業建廠工程，包含碳足跡評估、綠建築、智慧廠房，以及供應鏈廢棄物處理再利用，中鼎都能提供一條龍服務。

因應業務成長，迅速培育高科人才

高科技之於中鼎，亞利桑那專案無疑是個受人矚目的焦點，但對所有中鼎人來說，從專案執行到整體生態圈，也無疑是場全新的體驗和學習之旅。

首先面臨的是人力調派問題，具備科技業又有美國經驗的人才，相當有限。

2020年年底，歷練土木、建造部門，外派資歷長達二十年的彭俊賓，在楊宗興點名下，前往亞利桑那州負責專案管理。

「當時我們拿的是GC[1]，與當地合作夥伴共同取得此專案，」彭俊賓說，中鼎負責專案管理，當地工程夥伴負責建造工程，同時面對台灣科技業主，他很快便明顯感受到中美文化和科技業生態的差異。

高科技就是速度快，建廠快、產品週期快，和過去煉油石化、電廠、交通事業統包專案施工的要求、節奏、調性都非常不同，是他最大的體悟。

歷經亞利桑那州專案之後，2023年彭俊賓接任高科技設施工程事業部主管，又面對另一種挑戰。

他說：「業務一直成長，但部門人力跟不上，必須從各單位調派精銳支援。」但不可否認，人才養成需要時間，高科技業務的成長，推動中鼎內部不得不加

中鼎學習與適應高科技產業的靈活，透過數位化和模組化創新技術，讓服務創造更大的彈性空間。

快培養人才的速度。

為了鼓勵內部同仁勇於接受挑戰，並配合高科技產業節奏更快、彈性更大的特性，中鼎特別提供員工轉任津貼，以實質的財務獎勵吸引員工轉職；同時成立決策委員會，全面提升相關產業知識和必要訓練，讓補足人力的速度跟上業務成長的腳步。

儘管組織及人力的建構仍有成長空間，但對於高科事業部的前景，彭俊賓仍樂觀以待。

余俊彥更直言：「高科技產業的彈性靈活，是我們要學習適應的最重要面向，透過數位化和模組化創新技術，可以讓中鼎的服務創造更大的彈性空間。」

強化應變力，購建集團總部大樓

洞見未來的前提之一，是必須了解影響環境變遷的因素有哪些。其中，有外部因素，例如產業趨勢、全球經濟結構改變，自然也有來自內部的衝擊。隨著集團持續擴張成長，即時互動和協同運作的需求日益增加，辦公室若分散各地難免有所不便。為了強化企業的應變力，余俊彥做出一項重大決定——興建第一與第二總部大樓。

「余總裁不僅能洞察機會，更能當機立斷下決策，而且對目標達成的執著與毅力更令人欽佩，」工程事業群執行長李銘賢說。

當年，中鼎總公司坐落於敦化南路的「中鼎大樓」，但裡面只有六層樓是中鼎自有的辦公室，並租用了約十個樓層；其他隨著事業擴張而衍生的集團關係企業，辦公處散居各地；再加上，大樓內部還有許多其他企業，出入人員多且複雜。

「中鼎的客戶都是國內外大型企業或政府部門，承攬的工程很多都牽涉機密文件，更重視智慧財產的保護，」余俊彥說，「如果擁有自己的大樓，能減除客戶對資訊安全的疑慮，客戶也會更信賴中鼎。」

然而，大台北地區寸土寸金，大面積土地難尋，心中的夢想難以實現。沒想到，一場球敘讓他看到機會，並落實想法。

現今位於台北市中山北路六段的中鼎集團第一總部大樓，原本是士林電機士林廠舊廠房，士林電機打算變更地目開發興建豪宅。在一場球敘上，士林電機董事長許育瑞推薦余俊彥購買豪宅，但余俊彥實地參觀後發現，該土地基地面積大，且臨近淡水捷運線交通便利，於是積極說服許育瑞出售土地給中鼎。

2006年，中鼎以30億元買下1,800坪土地，花三年時間蓋一棟地下3層、地上17層的商辦大樓，於2009年完工落成。

余俊彥這段把豪宅變集團總部的歷程，在中鼎留下一頁佳話，而中鼎集團第二總部的購地過程，更可看出他的決策力以及眼界和遠見。

布局綠色商機，打造智慧建築

2016年，中鼎打造出CTCI品牌，隔年再推出ECOVE品牌，但集團包含資源循環事業群、智能事業群等，許多子公司仍散居內湖、南港、深坑等地，加快了余俊彥買地自建第二總部大樓的企圖心。

在余俊彥的指示下，智能事業群執行長吳國安在臨近第一總部大樓附近、剛完成整地的北投士林科技園區，看上一塊兩千多坪方正的土地，「當時賣方開價每坪150到170萬元，但中鼎評估合理的價格應為一坪126萬元，最後在總裁的堅持下成交。」

這是北投士林科技園區第一筆土地交易，也是園區第一件通過都市審議、第一家取得建造執照許可與使用執照，以及首家進駐的企業，成為矗立在北士科園區的新地標。

中鼎的第二總部大樓樓高12層、地下2層，是由智能事業群旗下的新鼎、萬鼎及益鼎共同建造。吳國安指出，大樓有七千餘建坪，建造費用耗資約19億元，歷經三年八個月興建完成，智能事業群及資源循環事業群均已進駐。

從此，集團分散於北部的關係企業都能集中在此辦公，且兩棟總部大樓位置鄰近，使得內部聯繫更加緊密，大幅提升工作效率。

「太陽照射進來的熱度會影響辦公室的空調量，早上太陽從東邊升起，下午西曬，不論哪一邊，我們大樓的窗簾會自己調整，透過AI技術發展出智慧捲簾設計運用在建築上，也運用在我們的生活中，」吳國安語調輕快、難掩興奮地說。

「室內的燈光或空調，都可以靠這塊面板調整，」他指著牆上的智慧面板，一一操作第二總部大樓智慧化的設備和功能，讓來訪者親身體驗智慧大樓裡先進科技帶來的便利與人性化感受。

早在中鼎成立之初，當時的董事長王國琦就心心念念要建造屬於中鼎自己的大樓。三十年後，余俊彥完成了他的心願，還打造出兩棟結合綠色節能概念的智慧化總部大樓，做為企業永續長青的基地。

預見未來，爲永續成長奠基

中鼎很早就掌握永續和綠能的趨勢，並且體現在自建、自有的大樓上，第一與第二總部大樓雙雙獲得國家建築金質獎和綠建築標章的肯定。

2010年，第一總部大樓獲得第10屆國家建築金質獎「施工品質類全國首獎」；2018年，取得台灣綠建築既有建築改善類銅級標章；同年年底，再獲得美國綠建築協會制定的LEED[2]評估系統認證的金級標章。

導入AI系統的第二總部大樓，則同時取得美國黃金級「LEED綠建築」、台灣鑽石級「IGB智慧建築」、台灣鑽石級「EEWH綠建築」等三大標章認證，2023年更榮獲第24屆「國家建築金質獎」的規劃設計類、施工品質類全國雙首獎的肯定，可說是中鼎親身實踐打造友善環境的新世代智慧建築的經典範例。

這份結合綠能及智慧應用的堅持，也與中鼎的事業核心結合。以智能事業群為例，便透過低碳建築等綠色技術的應用，鎖定傳統石化業的低碳轉型需求，並且陸續在高科技廠房、大型數據中心、高科特用化學品廠、生技製藥廠、石化油品儲運中心等領域，建立相關經驗與實績。

一路走來，從洞察產業變化新局，轉型成立高科事業部、掌握供應鏈區域化與短鏈化的趨勢，到以高科技產業為師培育未來人才、購地自建大樓強化組織協同運作能力，再到結合智慧科技與永續理念、擁抱綠色商機，余俊彥一再展現犀利而精準的判斷，預見趨勢和機會，果敢地為中鼎的未來打下堅實基石。

注釋

1. General contractor，施工總承包商。

2. Leadership in Energy and Environmental Design。

第五章

創新力——智能工程，打造差異化競爭優勢

場景一：

客戶穿戴上AR（擴增實境）、VR（虛擬實境）裝置，在虛擬的環境空間中自由行動、互動，看到設計中的工廠模樣，提早感受工地現場的情境。

場景二：

碩大的石化工廠、鍋爐，像樂高積木般在重型運輸船上，隨著洋流跨越國度與洲際，從台灣高雄到馬來西亞，從中國大陸青島到美國德州，全世界最大的模組化鍋爐、最大的陸上模組化工廠落地。

場景三：

在印度的液化天然氣接收站工地管線內，機器人正取代傳統低溫管線吹管的清潔方式，處理殘留的髒污，提升管線的潔淨度。

創新，是中鼎的企業文化之一，而這些創新應用的場景，是運用先進科技於各項工程專案執行中的一環，也是多年來中鼎發展智能化統包工程的一個個里程碑，更是數十年來，能夠持續開創新局、建立市場競爭差異性、塑造價值與優勢，進而穩健成長的重要關鍵。

從手繪工程圖到3D工程設計

智慧化的進程並非一蹴可幾，而中鼎的優勢在於很早就將電腦科技應用在工程設計上，並且與時俱進。

1975年，設計部安裝王安2200T電腦系統。當年王安推出全球第一台具有編輯、檢索等功能的文字處理系統，是最基礎的桌上型電腦，中鼎也就不落人後地買進，「不過，以現在的電腦技術來看，其實就像打字機而已，」集團總裁余俊彥笑著說。

1977年中鼎成立電腦作業中心，持續更換電腦系統，例如安裝美國Control Data的CYBER 74電腦系統及繪圖機、Digital Equipment的VAX[1]電腦等，不斷提升自動化的層次和效率，努力縮短與國外大公司的差距。

在七〇年代，這些電腦設備都是引領風潮的新科技產品，甫一上市中鼎就率先引進，顯見中鼎對於科技創新的追求始終不落人後。

這份企圖心，到了八〇年代依舊持續。

1986年，中鼎引進AutoCAD 2D工程設計繪圖軟體；1989年，再導入大型工廠3D設計應用軟體Intergraph PDS和AVEVA DMS……。不過，早期電腦軟體的功能有限，人工手繪的基本功夫還是相當重要。

「以前我們都拿計算尺，用手工繪製設計圖，」余

以邁向工程全生命週期數位化為目標，中鼎將服務範疇擴大延伸至後續交廠營運的操作維護，成功建立工程全生命週期一條龍式服務。

俊彥笑著說，他用手工畫了三年的電機設計圖。

「那時我們都是手工作業，」工程事業群執行長李銘賢也說，他在1989年進入中鼎工程設計部，擔任管線設計工程師，「當時AutoCAD軟體剛興起，功能不是很健全，還是需要人工繪製設計圖，我每天都在練習手工繪圖。」

為了提升電腦功能和處理業務增加的需求，中鼎科技化的腳步不曾停歇，積極從手繪工程圖進階到電腦繪圖，逐步邁入3D工程設計時代。

從厚重紙本到數位化裝置

邁入21世紀，行動通訊開始蓬勃發展，2008年第一支iPhone手機登台，4G、4G LTE系統逐漸普及，自動化、數位化的運用漸趨成熟，在工地現場搭配可攜式裝置讓工程進行更加流暢，已成為潮流。

2012年統包中油大林煉油廠第十硫磺工場工程時，中鼎即在現場使用行動應用程式（App）和掌上型電腦（PDA）等智慧型工具。

透過PDA，現場監督者可以掌握最新的設計圖件、準確下達指令，把錯誤率降到最低，這對作業現場是相當重要的一環，因為，「假設無法快速處理、修改，可能導致現場施工錯誤而需要重做，造成重大損失，」余俊彥解釋。

當資訊可以隨身帶著走，監工主管在查核缺失表時，便毋須再攜帶厚重的文件和設計圖，而是可以利用平板裝置查看對照，還能拍照、攝影或錄音，即時掌握狀況。

此外，隨著執行統包專案而產生大量的資料修正和變動，也可以即時透過雲端處理、上傳更新，大幅提升工地監督管理作業的便利和效率。

果然，由於在採購和施工階段充分運用創新的專案管理流程和技術，搭配嚴謹的管理能力，對於專案的執行大有助益。例如大林第十硫磺工場統包專案，最後比預定進度提前四十八天完工，有效率且優異的專案表現，讓中鼎獲得行政院公共工程委員會第14屆

「公共工程金質獎」特優獎的肯定。

統整集團資源，成立創研中心

除了自外部導入科技應用之外，中鼎內部也持續強化軟實力，2008年便是中鼎創新研發出現重大改變的一年。

為擴大創新、創造競爭優勢，時任總經理林俊華帶領各單位專家組成創新小組，同時結合當年成立的強化策略委員會，推動並落實各種創新想法，從各個面向進行流程改造、優化與創新。

2008年正式成立「創新研發中心」（簡稱創研中心），扮演EPC工程技術整合服務的創新平台角色，統整公司所有創新研發資源，掌握產品核心技術、創新作業流程及整合所有EPC工程資訊至單一平台；之後，創研中心再增加設計部的新作業研發組，負責研發或改善專案的流程、工具與方法。

這樣運作十年之後，2020年創研中心擴大編制，劃分為七個小組：研發專案管理組、人工智慧研究組、新科技應用研究組、3D+應用開發組、共同標籤平台（tag platform）應用開發組、應用程式開發組，以及設計部的新作業研發組等，持續優化設計自動化工具的開發，以及數位轉型等研究發展，希望能夠開發出兼顧提升執行效率與節省成本的流程和技術，以增加利潤、創造競爭優勢。

從iEPC到數位雙生

種種例子，見證了中鼎創新研發的豐碩成果。而在蓄積了扎實的軟、硬體實力之後，緊接著中鼎開始著墨商業模式的創新，在2015年邁出關鍵一步——開發智能化統包工程（iEPC），提升了工程專案的管理和執行效率，也標誌著公司智慧化轉型的里程碑。

iEPC的基礎是中鼎斥巨資開發的共同標籤平台。在EPC工程執行中，設備、管線、儀表、土木基礎等資料都有不同的儲存編碼，每種編碼的系統和結構都不相關，這個共同標籤平台就擔任連結並標籤所有資料的功能。

簡單來說，共同標籤平台是以工程物件為導向，將設計、採購、建造、試車階段的相關文件、3D模型、材料量、器材請購、施工量、施工圖，連結成專案工程的訊息鏈。

這樣一來，中鼎便可以運用視覺化3D科技，提升整廠設計的生產力及品質，達成最佳化鋼結構設計、優化建廠工序等多重效益；甚至，結合了時間軸概念，進行可建造性研究、吊裝計畫模擬、營建管理等，並可讓業主透過高度視覺化的平台，以更直觀的方式掌握統包專案的工作內容……，影響所及，就是為了提高客戶滿意度，進而增加得標機會。

為了能夠做到這一點，「所有東西都要上雲端、電腦化，讓專案在全球運作過程中能夠無縫接軌，」余俊彥強調，「必須跟著時代進步，集團才可能永續。」

這樣的理念，中鼎同仁認真落實了。

2021年中鼎再上層樓，以iEPC做為數位轉型目標，擴大研發數位雙生（digital twins）技術，打造虛實整合的平台，在建造實體廠房時一併完成虛擬廠房。

「我們的目標是要邁向工程全生命週期數位化，將服務範疇擴大延伸至後續交廠營運的操作及維護（O&M），成功建立工程全生命週期一條龍式服務，」集團副總裁楊宗興分享，中鼎引進先進的雲端、物聯網、大數據分析等資通訊科技，並因應工程產業的需求進行研發整合，以推動智能化統包工程服務，協助全球產業與客戶邁向智慧時代，目的就是要讓專案執行得更快、更好、更精準、更有競爭力。

從人力操作到機器人應用

「工業自動化、智慧化，是減少人力、提升效率、提高安全性的管理方式，」智能事業群執行長吳國安以廠務中央監控系統（Facility Management and Control System）為例，說明導入智慧化設備後，人員就毋須時常進出工廠，因為工廠設有「戰情室」，也就是中央監控室，所有控制面板透過鏡頭都可以看得一清二楚，若有任何突發狀況，也都能在控制面板上處理。

「以前，工廠需要人力不停巡視，很多流程都需要人工操作；現在，許多工廠都朝著無人工廠的方向前進，」吳國安笑著說。

確實，隨著技術演進，科技的潮流揉合了智慧化的概念，機器人的開發與應用也成為中鼎的重要創新之一。

中鼎陸續開發工地機具管理系統及健康、安全與環境管理行動化系統，在工地現場導入工業機器人執行焊接、裝配、噴塗、搬運和檢查等工作，提高工地作業效率。

2021年年底，中鼎將自行開發的第一款液化天然氣接收站專用的管內清潔機器人，導入印度東岸Dhamra港的Adani液化天然氣接收站的工地。

在這個專案中，管內清潔機器人針對液化天然氣低溫管線，清除焊接過程中殘留管內的物質與灰塵，而且能通過垂直管、水平管、彎頭、三通管等各種管線，搭配即時影像檢視管線內部清潔狀況，讓清潔工作更確實。

另外，中鼎也開發出工程管線法蘭螺栓鎖固機器人，能快速進行螺栓鎖固作業，還可以立即數位記錄。

又或者，一些繁雜或重複的工作，也可交給實體或虛擬的機器人代勞，例如：導入機器人流程自動化（Robotic Process Automation），協助大宗材料交貨、登錄、從工地收料至會計認列流程自動化，還能定期檢核政府拒絕往來的廠商名單，減少營運風險。

「自動化、智慧化不僅應用在工廠，也可以應用在大樓建築，」吳國安強調，「在工廠，是透過廠務中央

中鼎技術上的整合與創新，在企業發展過程中扮演要角，像是預鑄、模組化工法，不僅可以降低環境衝擊，還能減少人力工時。

監控系統管理機器；在大樓，則是藉由建築自動化系統（Building Automation System），將分散的設備集中控管，包括：空調系統、照明系統及給排水系統等監控，實現高效率節能的目標。」

他以第二總部大樓為例：「我們的窗簾都有AI技術在裡面，經過一年的學習調整之後它已抓到訣竅，太陽光從哪個角度照射進來、室內亮度到什麼程度，窗簾就會自動調整位置到左邊或到右邊。」

看見這些成果，余俊彥不諱言：「我對智能事業群的發展充滿期待。」

新商模做大市場，與客戶共創雙贏

除了業務拓展，中鼎的商業模式也在持續創新。例如智能事業群旗下新鼎的「Mr. Energy」能源資訊系統管理平台，就是為節能減碳服務開發的一系列產品，目的便是協助企業做好能源管理工作。

「目前我們的客戶已經有二十幾家晶圓廠，還有幾家大規模的科技廠，」吳國安說，「Mr. Energy」已應用在半導體、化工、電腦面板等產業和大樓，集團第二總部大樓就是其中一個例子，「現在，這個服務又再升級了，成為『能源管理系統及溫盤模組』（EnMS & GHG inventory），不僅可協助客戶管理能耗，還可針對客戶廠房進行範疇一[2]的碳盤查。」對於未來可能的潛在商機，他樂觀以待。

「以智慧科技助力推動ESG，已經是大勢所趨，」吳國安強調，「能源控管是我們的優勢，預計未來還可透過導入AI辨識等功能，擴大至間接產生的碳排放盤查，協助客戶全面掌握生產過程中的碳排，進而審視生產流程，提供先進的減碳建廠及整改服務，持續強化中鼎在工程領域的優勢。」

又如分潤式合約、依使用權收費等新商業模式的開發。「我們會先進行專案整體評估，再投入資源提供客戶各項智慧化系統服務，之後依照雙方合約議定的比例進行分潤，」吳國安說，這種做法可以協助客戶降低投入成本，不僅有助開拓業務，還能與客戶攜手創造雙贏。

隨著工業4.0邁向數位化階段，各項系統及使用者介面的更新與優化也迅速變革，中鼎不僅致力發展智慧系統操作及維護服務，還將原本的一次性賣斷服務調整為「使用權收費」模式。

吳國安說明，在產品即服務的趨勢下，使用權收費的概念類似「以租代買」或「訂閱式」服務，也就是公司保留產品所有權，然後透過特定的服務系統提供客戶產品使用權，同時提供技術更新和後續服務。

「這是與客戶雙贏的做法，」他指出，「客戶毋須花大錢一次買斷，卻能同樣享有後續的運作維護，而我們則可以創造持續性的營收、更緊密的客戶關係和競爭優勢。」

強大整合能力，提供客戶最佳解方

盤點中鼎的種種創新，在技術層面，不論是否為本身獨創，因為具有強大的整合能力，都能夠將各種先進技術與創新方案有機結合，從而提供高效、靈活的解決方案。這些整合創新不僅提升公司自身的競爭力，也在業界樹立技術領先的形象。

舉例來說，智能事業群擁有優異的潛盾及洞道工程設計能力，是台灣唯一能提供地盤冷凍工法（又稱冰凍工法）的廠商，可應用在任何地層及地下施工作業環境。

轄下萬鼎公司，曾成功執行中油26吋陸上輸氣管線水平導向鑽掘（HDD）統包工程，為台灣打造第一條穿越台中港主航道的輸氣管線，締造全台最長的海面下水平導向鑽掘管線紀錄，以領先業界的施工技術及智慧化管理系統，投入跨領域工法應用。

此外，像益鼎的建築資訊模型[3]「BIM 7D」智慧維修保養系統，則可以落實工程全生命週期管理。

吳國安指出，BIM 7D可以運用在工廠、智慧大樓的維護管理，比方說，在中央監控室發現哪個房間的門沒關，或是哪個設備溫度突然變高，中央監控室就會顯示，並且馬上派人到現場查看，「每台機器或設備上都有QR Code，只要掃描一下，品名、型號、維護公司及維修人員資料一覽無遺，系統就會直接通知維修公司馬上派人處理。」

調度資源，降低環境衝擊

中鼎在工法上的整合再創新，也在企業成長發展過程中扮演要角，像是預鑄、預製式建造工程，以及模組化建造工法，就不僅可以降低工廠當地環境衝擊，還能減少人力工時。

「我們會將現場安裝工作從人力缺乏且昂貴的地區，例如美國，移到人力低廉且充沛的地區，像是中國大陸、印尼、泰國，在當地製成模組後，再運到工地安裝，」余俊彥指出，創新的設計和建造方式是中鼎近幾年快速養成的技術能力，「未來我們執行美國的大型工程，也會評估這種做法。」

2017年年初，中鼎便以創新模組化工程技術，成功完成馬來西亞最大的模組化工程重油觸媒裂解專案

（P1）[4]。當時，鍋爐設備先在台灣預製，再以海運運抵馬來西亞工地現場組裝，不但大幅節省工地現場人力及機具運用，精準的時程控管與鍋爐品質保證，更是完成這項專案最重要的關鍵。

跨國運送重達兩千公噸的巨型鍋爐設備，是世界少有的工程技術。除了海運，從高雄港碼頭運送到船上，以及運輸船抵達馬來西亞後運送到工地，都是以自走式模組化運輸車負責陸地與港口間的接駁裝載。

有了模組化製造技術及海運巨型鍋爐的經驗，2018年中鼎承攬世界最大模組化陸上專案——由Exxon Mobil與SABIC合資的石化投資GCGV 110萬公噸乙二醇統包工程，再次創新紀錄。

在GCGV專案中，總重量近四萬公噸的設備模組被分拆成五座巨大模組，幾乎環繞地球一周，歷時兩個月運抵美國德州工地。而這項專案採用創新的模組化工程，從第一個鋼材切割到完成交付設備，所有模組製造只花了兩年，設備運至工地後只花了六個月就完成組裝及機械完工。

光看這些數字，非工程界人士或許難以感受，但若與傳統工法比較就能看出落差。

以施工時間來說，創新模組工法所耗費的時間，比起現場施工大約減少三分之一；以人力來看，若以傳統方式建造，預計將超過1,300萬工時，但利用模組化方式則現場人力可大幅縮減到250萬工時，減少了七、八成的現場人力；以合約金額來看，若未採用模組化工程，則金額將多出20%。

從這些數據不難看出，在創新模組工法之後不僅有效降低成本、提高效率，並大幅縮減施工時程，從2018年9月得標到完工交付業主，執行期僅歷時三年。

更快、更好、更精準

如果要用一句話來形容中鼎的創新實力，「精益求精」應該是十分貼切的用詞。

2021年年初，中鼎在泰國、台灣兩地進行液化天然氣接收站的儲槽屋頂工程。這是位於泰國Rayong工業區的案子，是該國能源龍頭PTT在當地投資建造的第二座液化天然氣接收站工程。其中包含兩座25萬公秉的液化天然氣儲槽，單一儲槽容量為泰國最大，每年可供應750萬公噸液化天然氣。

然而，專案中的圓弧形槽頂重量超過上千公噸，如何將它搬到數十公尺的高空安裝？

中鼎團隊採用了另一項創新的工法——吹浮升頂（Air Raising）。

所謂「吹浮升頂」工法，是在圓弧形槽頂及預力混凝土外牆之間構成的封閉空間，注入空氣至槽頂內部，形成額外的空氣壓力，再利用槽頂內、外氣壓差，把直徑長達90公尺、重逾上千公噸的槽頂，以每分鐘約21公分的速度上升，歷時近四小時，由地面提升到48公尺、大約16樓層的高度，順利完成這項極具挑戰性的艱巨任務。也因此，獲得有專案管理界奧斯卡獎之稱的國際專案管理學會台灣分會「專案管理大獎」中的「典範專案獎」、「傑出專案領袖獎」。

這樣的例子不僅在海外，也發生在台灣。

位於桃園觀音的觀塘液化天然氣接收站，又稱第三液化天然氣接收站（簡稱三接），是由中鼎和日商川崎重工共同承攬，建造兩座容量各16萬公秉、台灣最大的液化天然氣儲槽，每年可供應300萬公噸的液化天然氣。

然而在施工時期東北季風強勁，加上施工區域狹小的局限，該如何是好？

為了解決問題，中鼎將直徑達78.2公尺、重逾千噸的圓弧形儲槽屋頂，採用模組工法預製，再用吹浮升頂工法，以每分鐘約13公分的速度，把槽頂提升到30公尺的高度，隨後完成儲槽模組化的屋頂結構吊裝。

2021年3月運用創新的模組預製與吹浮升頂工法完

中鼎爲客戶量身打造智慧工廠，以全方位創新的服務型態整合虛擬與眞實世界，迎戰工業4.0時代。

成槽頂工程後，工人在槽內施工三百八十八天，不受天候影響，同時克服工地空間不足、減少勞工高處作業施工的風險，大幅提升工作效率，觀塘三接專案也因為創造出優異的品質及專案管理績效，獲得經濟部2023年度「公共工程金質獎」。

企業數位轉型的模範

數十年來，中鼎始終是堅持追求創新的先行者，以數位力創造競爭力。

要以高效實力征戰世界，除了導入科技成為專案執行的利器，後勤補給的強化也是重要環節。為此，中鼎在2021年著手開發智能化管理平台（iManagement），希望藉由連結資訊、機器人流程自動化、AI等技術，讓會計、財務等所有後勤工作數位化、自動化，協助員工可以在更具創造性的工作領域展現生產力，使工程專案的執行與後勤管理的運作變得更精確、流暢、有效率。

盤點後勤服務工作流程後，隔年，中鼎研發團隊便將來自集團各單位的數十個提案彙整成二十餘項工作，並在2023年上半年完成開發。

集團總管理處執行長李定壯表示，「根據統計，開發這些管理系統，可讓後勤工作每年有效節省6,000小時以上。而我們的創新當然也不止步於此，目前除了加速引進智能科技，我也要求各單位要持續從日常工作中發想新提案，再由研發團隊評估及開發。」

的確，藉由不斷引進、創新工程技術，持續導入新思維，以與時俱進的技術和更多元的服務，中鼎用人工智慧做設計、為客戶量身打造智慧化工廠，以全方位創新的服務型態、整合虛擬與真實世界，數位轉型的速度一日千里，引領集團進入iEPC時代，迎戰工業4.0時代。

而一次次的技術創新與數位轉型，中鼎提升了組織戰力，也獲得外界肯定。2022年，余俊彥榮獲《哈佛商業評論》全球繁體中文版「鼎革獎」數位轉型領袖的最高榮譽；2023年，中鼎以卓越營運管理及創新商業模式等兩大面向，再獲得數位轉型楷模獎。

「面對時代趨勢的變革，創新必須有百折不撓的毅力，才能有勇氣迎戰變革帶來的衝擊，形成凝聚的力量，激發團隊無限潛能，」楊宗興強調，唯有不斷透過數位科技應用，創新工程專業技術與商業模式，追求更具差異性和競爭力的優質服務，落實對客戶的承諾、提升營運績效，才能創造最大價值。

這樣的信念，也正是讓中鼎創新的巨輪能夠日復一日向前滾動的關鍵。

注釋

1. Virtual Address eXtension。
2. 國際溫室氣體盤查涵蓋三大範疇，範疇一指的是來自於製程或設施的直接排放，如：工廠煙囪、通風設備等。
3. Building Information Modeling, BIM。
4. RAPID Package 1 RFCC, LTU, PRU Project，簡稱P1。

第六章

學習力——
建立學習型組織，知識管理無國界

沒有學習力，就沒有競爭力。不論是對企業或是個人，唯有不斷學習，提升核心競爭力、創造價值，才能適應環境變動，找到生存的利基。

1979年，現任集團總裁余俊彥第一次踏上美國。時年三十一歲的他，頭銜是駐美業務代表，派駐地在紐澤西州；一個多月後，他成為紐澤西理工大學的學生，利用晚上下班後自費修習管理碩士班的課程。

台大電機工程系畢業，做過電機設計工程師、鋼鐵廠監工，轉調業務、採購工作，出國時，「我就知道我不會再走回頭路，不可能只專注電機專業，而是從專才走向通才之路，」余俊彥說，在美國研讀管理學的經驗，也奠定了他一步一步成為中鼎最高領導者的契機。

可惜一年半後，余俊彥在美國的採購任務結束，必須歸建回國，不得不中斷碩士學業。但約莫十年後，1991年在公司栽培下，獲得赴美國哈佛大學管理學院進修的機會，學習培養管理思維，也奠定他領導中鼎之後萌生打造學習型組織、建置許多培養人才機制的想法，讓中鼎的人才加快養成，企業不斷茁壯。

始終不懈、精進學習的態度，讓余俊彥攀上個人職涯高峰，進而帶領中鼎成長為全球百大工程集團，在國際舞台發光。

事實上，不僅是他，中鼎人普遍具備勤於學習新知識、不斷學習新技能的特質。

師傅帶徒弟，培育新人傳授經驗

頂著台大機械工程碩士的頭銜，1991年，現任集團副總裁的楊宗興應徵中鼎的工地建造工作，被派到興建中的高雄中油五輕工程，負責監造最有挑戰性的主壓縮機安裝作業。

以前都是師傅帶徒弟，那時帶他做監工的師傅蔣錦芳是建造部副組長，經驗很豐富。「他教我怎麼做鉗工、怎麼安裝主壓縮機，一個步驟一個步驟教，」楊宗興說。

初到工地，身為菜鳥學徒的他拚命記下重點；結果，專業技師一來，說的卻是截然不同的做法。

楊宗興不解地問師傅：「為什麼你和技師講的不一樣？」

「我以前裝的是另外一個品牌，」沒想到師傅如此回答，他當場愣住。

「原來壓縮機有各種不同品牌，做法也不一樣，有往復式、螺旋式、離心式、迴轉式……，各式各樣不同的壓縮方式，」楊宗興恍然大悟。

以前中鼎有一些老領班，監工做了幾十年，技術都很厲害。他舉例，壓縮機軸對心，也就是對軸心校正，「師傅功力好壞差別很大，好的師傅三次就調準；功力不好的，調三個星期都調不出來。技師說不合格，就得繼續調。」

師傅手把手教楊宗興，跟他說：「這邊要調一調、那邊調一下。」他疑惑地問：「為什麼那邊要這樣調？」師傅回道：「經驗。」

對新手來說，那兩個字代表「只能意會，不能言傳」，仍是一頭霧水。

「這樣土法煉鋼，真的不是辦法，」楊宗興心想：「難道真的應驗師傅說的，碩士到工地沒什麼作用，沒有發揮的空間？」

高學歷、沒經驗的他不被看好，不少人都認為他無法勝任工地工作。但他不服輸。

系統性學習，快速提升專業

「後來我做了一件違反公司規定的事情，」冷不防地，楊宗興說出一個祕密。

原來，他找到美國專門出版學習教科書的出版社麥格羅希爾（McGraw-Hill），當時他們發行了一系列機械操作手冊，從最基本的技術到進階技術的系列學習，一應俱全。

「以前沒有網路，當時宿舍也沒有傳真機，為了跟美國的出版社聯絡，我在下班後的九點、十點，利用工地的傳真機傳出購買需求，然後等對方回覆，一來一往總算完成訂購，」楊宗興說，那是私人的購書需求，卻使用工地的傳真機，其實是違反規定的。

買到操作手冊後，他一頁一頁看完。擁有機械工程碩士的根底，楊宗興很快就能融會貫通，凡是跟工地有關的吊裝、起重、鉗工等各種專業技術，都能從手冊中解惑。

「看懂了，邏輯通了，即使師傅和技師說法各不同，我都能跟他們對話，可以說明要如何做⋯⋯」楊

讓員工從做中學，快速培養能力之外，中鼎也發展學習型組織，提供系統化的訓練及學習，獲取、運用知識並傳承。

宗興憑藉努力看書求知，不再用土法煉鋼，而是有系統地學習，讓他不僅知其然，也知其所以然。

後來，「換我在紙上畫畫，他們量測數據資料，我再根據資料及原理畫出圖形，跟他們說明要如何操作，」楊宗興雀躍地說，「那時真的很有成就感！」

五輕完工後，他被派到泰國工地。也多虧有了那些知識基礎和技術，他帶領兩百個泰籍工人進行設備組裝的建造工作，完成泰國專案。

透過自學且系統性地學習，楊宗興跳脫原來的學習歷程，在短時間學會專業能力，不負公司期望做出成績。在建造部七、八年後，他不僅升任副組長，後來又因為努力獲得肯定，被提拔到業務組拓展市場。

從做中學，有效傳承技術與知識

「其實這些技術知識都有一定的架構，而且在現代社會，都有系統性學習的方法和管道，」但在三十多年前，楊宗興不諱言，就是師傅帶徒弟，慢慢教、慢慢學，這裡學一點、那裡學一點，片段式學習後拼湊出技術，學習歷程與現在截然不同。

「過去的工程訓練都是師徒制，你跟誰，誰就教你，」余俊彥也明白地說，以往大都是一個工程專案學一部分，下個工程專案再學另一個部分，「這樣的學習，進步很慢。」

做統包工程，從規劃設計、採購到建造，要能一條龍完全包辦，專案人員必須熟悉許多不同層面的技能和專業，如果用以前的方法，一個個專案慢慢磨，相當缺乏效率。

為了培養人才，中鼎採取了「從做中學」的方式，在員工訓練到一定程度後便會賦予更重的責任，讓他在不同職位中歷練成長。楊宗興便是如此，當年他在建造部工地擔任監工，轉調擔任業務、轉任專案經理，再接掌事業部主管。

從做中學，可以快速培養能力，但專案人才訓練確實需要長時間累積和歷練。那麼，員工無法快速擁有相關知識怎麼辦？

所以，「我們要發展學習型組織，提供系統化的訓練及學習，獲取、運用知識並傳承，這對企業培育人才、提升競爭力而言非常重要，」余俊彥語重心長。

KM分享平台，征戰世界的最強後盾

工程產業是知識密集的服務業，每件工程都必須仰賴許多專業經驗完成，專業知識管理和傳遞便更形重要。

2006年中鼎知識庫（CTCI Corporate KM）正式啟用，其中收錄了工程相關法規及規範、專案相關文件及經驗分享教材等，提供知識傳承與分享的平台，讓員工征戰全球市場時能有充足的知識支援。而背後最重要的推手之一，是中鼎的前副總經理廖文忠。

一份完工報告中，涵蓋專案的基本資料、成本資料、技術資料、品質資料等文件。曾負責成本工程的廖文忠，藉由每月的成本分析報告了解每個專案的所有細節，但早期都是紙本文件攜帶不易，且每個工程專案光是完工後要移交給業主的設計、技術或廠商文件就多達數百本，在建造過程中更需要許多參考文件，外派員工很難事先將所需文件全都帶到海外工地備用。

在累積了大量的專案報告後，廖文忠想到：「這些資料若能smart copy（聰明複製）就能節省時效，最好直接複製就能用。」

從1990年代開始，中鼎即著手將紙本文件電子化，大量掃描成PDF檔後建立查詢資料庫。然而，僅僅這樣還是不夠。

2005年年初廖文忠出差到菲律賓，到工地開會時，一位建造部工程人員向他抱怨：「副總，你一天到晚要我們努力趕工，但我們什麼東西都帶不來，手邊缺乏武器怎麼可能打勝仗？」

當時，外派人員已經可以透過網路取得台灣總公司的資料庫資訊，但隨著資料累積愈多，缺乏有效的索引架構，也沒有方便的搜尋引擎，檢索時得逐筆瀏覽，無法輕易找出想要的文件。

員工的牢騷讓廖文忠心中一驚，「中鼎需要一個可以在全世界移動的知識軍火庫！」他想重新打造中鼎的知識管理系統。在他的規劃中，這個系統除了加強搜尋能力，還要建立問答機制，讓專業知識可以分享、討論，並且持續流傳下去。

2007年中鼎工程引進搜尋引擎，並將文件全面英譯，全球化的知識管理系統逐步變得成熟，不僅是企業內部的圖書館，也是支援員工到全球市場競爭標案的軍火庫，透過網路就能取得各種工作上需要的資料、文件、數據等，讓員工在海外市場打仗時無國界、無時差，有一座二十四小時隨時待命的彈藥庫支援，成為中鼎與全世界頂尖廠商競賽時的致勝利器。

專案經驗轉化成學習教案

中鼎在全球征戰，執行一個專案就像打一場戰役，無論成敗，執行過程中獲得的經驗和教訓都是最有價值的資產。

2004年，在睽違近二十年後中鼎重返中東戰場，承攬QAPCO EP2專案，不料卻面臨挑戰，從合約、設計、採購到建造，每個階段都有狀況。

以設計為例，中鼎有十四個海內外專案同時進行，因人力吃緊，遂將細部設計分包給四個國家、共十三件合約，卻因與下包商無法有效整合設計規劃，導致設計工期延誤；與負責初步基本設計的上包也無法整合，因而兩次延誤設計工期。結果，2007年年中專案完成時，比原訂工期延遲十個多月，人力工時多了1.5倍。

「成功無法複製，但失敗可以避免，」余俊彥說，他希望中鼎員工能從中學習到寶貴的經驗，於是商請台大管理學院教授團隊編寫教案，做為案例研究（case study）。

2008年，中鼎首次針對中階以上主管舉行共識營，會議中邀請台大管理學院教授李吉仁、黃崇興與會，以QAPCO EP2專案為例，帶領中鼎主管進行案例研究，一同學習經驗、檢討失敗，避免未來重蹈覆轍。

此後，中鼎即啟動有系統的教案學習（lesson learned），放在知識管理平台上分享。教案學習是指從過往經驗及失敗教訓中學習，在專案管理上也可稱為經驗傳承，通常包含專案執行過程、影響、建議，以及專案團隊採取的改善方案、面臨的挑戰及風險等，以傳承經驗，做為未來改善專案工作績效的借鏡。

2011年中鼎知識庫改版更新，除了延續既有功能，更加強了互動式關聯、知識社群等功能，以增添使用便利性。

除了專案的教案分享，2014年中鼎再新增專案經理的知識領域，將各專案專業知識依產品類型加以分

中鼎秉持永續共學、共榮、共好的精神，免費開放「鼎學網」數位學習平台上的百堂工程專業課程，提升國家工程人才競爭力。

類，在專案結案後，同步將專案進行過程中可再運用且有價值的知識文件上傳分享。

2015年再啟動myVideo-KM，充實影音知識，整合訓練教材及實務分享的相關影片，建立多媒體學習平台。新的知識管理系統包含的功能有：知識文件管理系統、核心專長系統、知識社群平台、人才網絡平台、數位影音學習平台、搜尋引擎等，藉由知識串連及搜尋功能，形成管理與分享知識的重要平台。

中鼎大學線上學習，無國界零時差

在拓展海外市場如火如荼之際，中鼎革新的腳步更不曾停歇。

除了有中鼎知識庫做前線支援，分享各種知識，其實在更早之前，中鼎便計劃要讓員工有系統地學習。2009年中鼎啟動訓練管理系統平台「鼎學院」（Global Training System），執行各部門的內、外部訓練。透過鼎學院，海內外員工可以不受時間、地點限制，使用視訊同步或非同步線上學習，也可以針對個人訓練狀況自我管理，隨時查看個人學習狀況，主管也能了解部屬受訓情形。

為了讓經驗得以傳承並整合訓練資源，中鼎鼎學院學習型態再次升級。

2020年「中鼎大學」數位教育平台成立，聚焦四大方向：提升全球競爭力、扎根專業技能與學識、奠定領導統御與企業管理基礎，以及品牌內化與文化推動，將線上學習系統整合為單一網路平台。

這是中鼎為全球員工打造的專屬線上學習平台，以全職能、全時段、全球化的理念，打造無國界、零時差的學習體驗。此外，搭配既有的知識管理平台、教案學習等，更可有效傳承經驗，協助並激勵同仁不斷精進、培養國際觀，成為多元發展的全球化人才。

中鼎大學分設六大學院，包括品質安衛環學院、工程設計學院、專案整合學院、企業管理學院、領導力學院、共同教育學院，針對不同專業職能需求開設各種專業學系及學程課程，校長、各院院長、系主任由集團高階主管擔任，專業課程也由主管、資深員工擔任講師；員工可以透過中鼎大學網站或「myCTCI」App，隨時隨地學習。

如此一來，中鼎新進人員不用再等主管來教，而是可以自己找時間學習；相對來說，師資來源也更廣泛，專業人員毋須離開工作現場也能投入教學。

「自己找時間，在『myCTCI』點進去，誰都不可以逃避，平台跟人資系統連結，上完課要考試，都在電腦上完成，」余俊彥說，「之前曾有員工在海外做監工，擁有一身技術絕活，但他二十二年不在台灣，也不可能叫他不上班回台灣受訓，現在可以在線上上課，大家都有機會學習。」

截至2024年，中鼎大學已上線超過一千四百堂課程，有一套依各職位項目分類的選課系統，針對近六百個職位開設不同課程，而且各個課程都有中、英文版本，派駐全球各地的員工都能在線上上課，完成規定的學習進度。

值得一提的是，中鼎大學不只是規劃現職職位課程，也能按個人發展，在主管核可下選擇個人有興趣的跨領域課程，全方位提升專業技能；此外，還有「預修」制度，提供優秀員工快速養成計畫，可以透過完成相關加速精進課程並認證，預先培養下一個職務的能力。

而基於中鼎大學的成功經驗，中鼎秉持與外界永續共學、共榮、共好的精神，特別建置了對產官學研各界免費開放的「鼎學網」數位學習平台，精選兩百多堂各工程領域的專業課程，對外開放註冊及修課，完成課程者更可得到由CTCI頒布的數位修課證明，力促提升國家工程人才競爭力。

培養領導梯隊，完備關鍵人力

簡單來說，中鼎大學的架構設計是根據中鼎策略發展需要，培養具創造力和前瞻性的國際化人才，過程中利用系統化與高效性的培訓計畫，傳承各專業領域知識、技能，強化企業核心職能，並以多元化發展導向，例如提升英語、管理技能、資訊科技、財務、法務等知識，為企業培養關鍵人力、建置領導梯隊。

以外語能力為例，英文是全球通用的語言，便以英文多益（TOEIC）成績做為召募人才的初步篩選方式，每個職位都有必須達到的分數標準，不同職級的員工會有不同門檻，但中鼎人在外派歷練過程中，也展現出獨特的自學能力。

中鼎人好學不倦的DNA

楊宗興就是一個例子。

外派泰國兩年，他勤學泰語，和當地工人及領班、工頭直接溝通，拉近彼此的距離，沒想到還意外化解了一場「主持危機」。

在2023年集團運動會的抽獎活動中，主持人抽出中獎人，一看上面是泰文，愣了半晌唸不出來，楊宗興在一旁見狀便拿過中獎名單，隨即唸出泰國員工的名字。

工程事業群執行長李銘賢則是另一個例子。他曾外派越南五年，自我要求學習當地語言，可跟員工以越南話交流，也了解越南文字用語，與員工交心、展現親和力之外，在管理上也能更游刃有餘。

從這些實例不難看見，「好學不倦」已成為中鼎人重要的DNA，積極透過各種學習方法，提升自我價值及競爭力，而中鼎也積極建構系統化學習機制，讓員工可以體會時時學習、終身學習的真諦。這份與員工共同織就的學習力，也成為集團競爭力的重要支柱。

第七章

永續力——以綠色工程爲地球永續把關

「ESG[1]不是花錢做公益，而是要把這個概念融入企業經營的核心，」集團總裁余俊彥開門見山地說明。

2023年及2024年，中鼎在國際永續評比機構標準普爾全球「永續年鑑」評比中，連續兩年排名全球前1%，並以百分等級總分86分，高居全球營建工程業第一名。

標準普爾全球是世界級的指標性ESG評鑑，2024年評比對象涵蓋全球62大產業，受評企業約9,400家，僅759家脫穎而出，而中鼎能夠排名全球1%，等於攀升至金字塔頂尖的位置。

追本溯源，中鼎其實很早便以實際行動實踐ESG，並主張永續應與企業的核心本業結合，將其轉化為集團的競爭力和DNA。因此，中鼎發揮自身的工程專長，為全球客戶打造一座座對環境有益的「綠色工程」，有系統、有計畫地落實ESG，並立志達成「地球永續的把關者」ESG願景。

高階領航，落實創新淨零減碳方案

2018年中鼎啟動「全員ESG」計畫，由余俊彥親自督軍，要把永續營運的概念深植在全體員工的骨子裡，把ESG的血液注入集團各個角落。

每個月，集團三大事業群都會參加「永續與淨零精進會議」，由余俊彥親自主持，目的是將ESG內化，讓全體員工在每天的工作中實踐ESG的永續理念。

在他的要求下，三大事業群都要定期提出與節能減碳有關的創新提案，彙整後在精進月會中討論其可行性。

「只要是工作中跟節能減碳有關的點子，都可以提出來，」余俊彥點出，「其實，稍微用心點就會發現，很多時候只要在某些小地方做一些改進，就能看見成果，」他自豪地說，「從2018年推動全員ESG以來，至今已累積上百個可行的節能減碳創新提案，並已成功應用在不同的建廠工程中。」

在中鼎，實踐ESG不是口號，透過一連串的活動和競賽，目的就是要鼓勵全體員工時時刻刻不忘思考，如何在日常工作中為地球永續做出貢獻。

因此，為了讓員工更有感、加速達成淨零目標，中鼎自2022年起帶頭推動台灣淨零排放倡議，承諾2030年辦公室淨零，2050年服務及生產據點淨零，設定1.5℃淨零路徑並通過國際科學基礎減量目標倡議（SBTi）審核，且將「淨零」列為KPI績效項目之一逐步推動。

讓永續行動成爲員工的日常

中鼎也開工程業界先河，首創「ESG Moment[2]」永續行動。

所謂ESG Moment，是每當公司內部舉辦五個人以上的會議時，就必須在會議前安排數分鐘分享與ESG有關的議題或知識，目的是希望在一次次的ESG Moment簡報中，將永續的概念深植人心，並轉化為日常工作中的「every moment」，讓永續行動成為員工日常工作及生活的一部分。

2019年起中鼎建置「ESG Moment資料庫」，裡面蒐集了上千個跟ESG有關的簡報、新知或故事，讓員工可以隨時搜尋、吸收知識，以提升員工對永續領域的認知。

「我們要讓每位員工都成為永續大使，讓全員ESG成為公司永續治理的利器之一，」余俊彥大方宣示他與中鼎的企圖心。

所謂「時勢造英雄」，在綠色意識抬頭下，永續發展成為普世價值，綠色永續變成企業顯學。但十幾年前，鮮少有人談論這個議題，更遑論將綠色永續與企業核心本業結合；然而，中鼎不一樣。

「今天會成就的事情，一定是在十幾、二十年前建立的，」資源循環事業群執行長廖俊喆明白指出，早在三十幾年前，集團即憑藉環境工程專業建立口碑，深耕廢棄物焚化發電領域，使得循環經濟成為資源循環事業群致力追求的志業。

台灣工程業首本CSR報告書

對中鼎來說，一貫的信念就是：要做，便要做到「最值得信賴」。因此，在政府單位尚未強制企業編製「企業社會責任（CSR）報告書[3]」時，中鼎便已先在2008年成立CSR委員會，訂定永續發展政策，發行第一本CSR報告書，創下台灣工程業首例。

中鼎內部認為，這份報告書必須具有公信力，於是自主邀請第三方查證，成為全台首家通過第三方查證的企業。此外，崑鼎也在2017年時，以「創新營運模式」取得全球首張「BS 8001循環經濟證書」，以及英國標準協會（British Standards Institution）首度頒發的「循環經濟永續獎」（Circular Economy Sustainability Award）。

果然，以第三方查證自我鞭策的努力讓中鼎獲益匪淺，也贏得許多獎項的肯定。

2023年，中鼎入選「道瓊永續指數」新興市場成分股。自2015年以來，中鼎已連續九年入選。一開始，台灣只有十三家企業入選，2023年增加至三十五家，而中鼎始終都是台灣工程產業類唯一入選者。

永續年鑑全球前1%

道瓊永續指數是以國際永續評比機構標普全球的企業永續評鑑方法（Corporate Sustainability Assessment, CSA）為依歸，從經濟、社會與環境三大面向，評估企業的永續發展能力。根據這個機制，企業的得分必須在該產業排名前10%，才有機會入選為成分股。

CSA每年邀請全球數千家企業參與評比，各產業永續發展得分最高的前10%企業，便可選入道瓊永續指數成分股，且每年均會透過問卷重新檢視企業永續表現，年年更新成分股名單。

截至2024年，中鼎連續十年入選，也就意謂著長期致力永續發展的績效卓越受到國際肯定。難能可貴的是，中鼎更因此獲標普全球2024年「永續年鑑」全球前1%最高榮譽的肯定，為全球營建工程業唯一獲此評級的企業，並以百分等級總分86分的亮眼成績，連續兩年獲產業最高分。

而中鼎在永續方面的成績，不只如此。

連續七年獲台灣企業永續獎十大永續典範獎；獲國家級永續最高榮譽行政院「國家永續發展獎」；八度名列證交所公司治理評鑑前5%的企業；並獲摩根士丹利（MSCI）[4]ESG評等、CDP碳揭露領導等級、《遠見》雜誌ESG企業永續獎、《天下》雜誌永續公民獎、DEI多元共融願景獎等，堪稱工程產業的永續模範生。

攜手客戶，發揮專長打造綠色工程

看見綠色永續的趨勢，余俊彥不僅讓中鼎走得比別人早，長期將永續發展結合核心工程本業的策略更展現出卓越績效。而這些成果，又讓他獲得2020年「全球企業永續獎」之「傑出人物獎」的最高榮譽，以及2024年「亞洲企業社會責任獎」，彰顯出他帶領中鼎在永續路上的領先群倫。

然而令人好奇的是，在刻板印象中，不易將「工程」和「綠色」聯想在一起，中鼎的遠大目標如何真正做到？

「追求永續是全球的趨勢，我們很早就開始做，有自信、也應該要能夠做得比別人更深、更好。中鼎的核心本業是建廠工程，我們可以協助客戶以最先進的技術，建造出最節能減碳的工廠，這就是我們的『綠色工程』。畢竟，要做好永續，便要從源頭開始做起，

中鼎以核心本業投入永續發展，透過在世界各地打造無數兼顧環境保護與經濟發展的「綠色工程」，具體實踐ESG。

才能事半功倍，」集團副總裁楊宗興解釋。

在這樣的認知下，楊宗興進一步指出，「中鼎的綠色工程，是由綠色技術、綠色承攬、綠色投資三個面向構成。」

綠色工程面向1：綠色技術

首先，「永續是世界趨勢，綠色工程的第一個面向是透過先進綠色技術的應用，讓我們執行的工程專案更加節能減碳，」楊宗興說。

所謂綠色技術，是指在EPC統包建廠過程中，針對設計、採購、建造各階段提出節能減碳的技術方案。

換句話說，中鼎會與業主攜手並進，採用先進環保節能的製程技術，以降低對土地、空氣、水及自然生態系統的衝擊，也就是從設計、採購、建造、試車、操作、維修到除役等全生命週期各階段中，都致力於降低環境衝擊風險，為客戶提供符合環保需求的各項綠色技術服務。

透過綠色技術的應用，在2021年至2023年間，中鼎為客戶興建的工程，於其全生命週期可減少二氧化碳排放1,890萬公噸，約是4萬8,810座大安森林公園一年的碳吸附量；節省用電7.6億度，相當於20.5萬戶家庭全年的用電量；節約水量1.5億公噸，約等於台北市182天的用水量。

而這些數據，都經由SGS進行第三方認證，並收錄於中鼎每年出版的ESG報告書中。

綠色工程面向2：綠色承攬

接著，「就業務導向來看，中鼎要掌握綠色商機，進行綠色承攬，」楊宗興提到，「簡單來說，綠色承攬就是由我們所承攬且對環境有益的工程專案。」

他指出，在2023年中鼎綠色與低碳工程所創造的業績，已占集團營收接近六成；由這幾年在建工程（backlog）的數據可見，低碳與綠色工程的金額占比，從2015年的23％提升到2023年的56％，金額則大幅成長346%。

在中鼎眾多的綠色承攬中，水資源領域便是很好的例子。

楊宗興提到，全球第一座利用工業廢水回收再利用並導入半導體製程的南科再生水廠，於2022年啟用，為全球水資源循環使用奠定重大里程碑。而這座再生水廠正是由中鼎投資、設計、興建，並取得二十年操作營運（DBOO）[5]，每天可產製2萬公噸的再生水，成為南科廠區工業用水的新水源之一。

南科再生水廠採用創新技術，以低污染負荷的高級生物處理程序，大幅降低能源耗損、減少污泥產生，達成節能減碳、減少二次污染、廢水零排放等多重環境保護效益。

「這個專案，可以說是水資源循環使用工程的標竿，2024年2月還取得環教設施場所認證，民眾可以在參觀過程中對水資源再利用有更深入的了解，創造的價值也更高了，」楊宗興自豪地說。

綜觀全球水資源商機，廢水再生利用領域面向十分多元，包括工業與都市污水再生利用、高科技電子產業廢水再生回用等，像是之前已完成的高雄鳳山溪廠、高雄臨海廠，分別是全台首座民生污水再生水廠、首座污水及再生水廠興建一次到位的水資源中心。

此外，還有與合作夥伴共同承攬的桃園北區水資源回收中心，完工後將日產4萬公噸再生水，提供桃園觀音工業區及中油桃園煉油廠等廠區使用，讓當地水資源調度更彈性，後續可擴建至全期日產11.2萬公噸再生水，可望創下全台供水量最大的再生水廠。

綠色工程面向3：綠色投資

「至於第三個面向綠色投資，則是中鼎以BOO、BOT等方式進行的對環境有益的投資，」楊宗興說，像是再生水廠、能資源中心、太陽光電廠等，都是典型的例子。

實施的成效也十分可喜。以2023年為例，焚化發電發電量13億度，可供台灣逾30萬用戶一整年的生活用電；廢棄物處理量247萬公噸、污水處理及再生水7,397萬公噸、太陽能發電1.2億度、廢溶劑處理1.6萬公噸……，不一而足。而累計至2024年，中鼎所參與的綠色投資已逾470億元，投資項目涵蓋焚化發電廠、太陽能光電廠、污水及再生水處理廠、廢溶劑回收再利用廠及離岸風電工程等。

值得一提的是，中鼎在綠色投資的努力也獲得投資機構的認同與高度肯定，累計獲得近新台幣92億元的綠色金融，包括：綠色融資、銀行保證書、債券等。對此，楊宗興不諱言，未來中鼎將持續拓展綠色投資部分。

掌握綠色商機，促進永續發展

中鼎透過綠色技術、綠色承攬、綠色投資三大面向所打造的綠色工程，不僅推動ESG永續發展，帶動業績成長，努力成果更顯現在營運績效上，2023年集團合併營收首度突破千億元大關，顯見以永續結合核心本業的經營策略無疑是成功的。

長遠來看，掌握更多的綠色及永續商機，也代表著中鼎能夠發揮綠色工程專業，為地球永續做好把關的工作。

「我們將綠色工程的簽約率納入部門KPI，目的就是期許集團在追求業績表現的同時，也能貢獻我們的工程專長在地球的永續發展上，」楊宗興強調，「這些我們運用節能減碳技術所打造的綠色工程，還能為客戶在後續的營運階段節省成本，創造出我們與競爭對手的差異化優勢；另一方面，也希望藉此協助客戶推動ESG的腳步，創造經濟發展與環境保護的雙贏局面。」

布局多元能源版圖

此外，外界大環境的變遷，也印證了中鼎發展綠色工程的方向是正確的。

近年來，為因應氣候變遷，2050年淨零碳排已成為全球共識，因此能源轉型刻不容緩，成為全球減碳的關鍵。為此，各國政府紛紛祭出能源多元化政策，而這也與中鼎近年來的業務發展方向不謀而合。

中鼎在廢棄物焚化的廢轉能、燃氣複循環電廠、液化天然氣接收站，以及太陽光電、離岸風場等相關領域，均已擁有豐富的經驗和實績，持續協助各國政府及業主達成低碳轉型零碳的目標。

針對此一趨勢，楊宗興舉例說明，「天然氣發電的低碳特性，近年已成為各國能源轉型之路上在過渡階段的重要能源，並帶動燃氣電廠及液化天然氣接收站的建廠及擴廠需求，而中鼎便是全台唯一具備燃氣電廠及液化天然氣接收站統包建廠能力的業者。」

中鼎除了協助業主達成節能減碳目標，也積極帶動供應鏈永續共好，領航工程業界朝永續之路邁進。

未來，除了持續發展上述各領域業務，中鼎也將積極投入去碳電力能源市場開發，例如拓展氫能、使用再生能源、研發應用碳捕集、利用與封存（carbon capture utilization and storage）等，布局多元能源版圖，以綠色工程專業，為全球永續發展持續貢獻。

帶動全球夥伴，打造綠色供應鏈

中鼎不僅本身努力朝淨零目標邁進，還要推動全球供應商攜手打造綠色供應鏈，提供客戶低碳統包及低碳供應鏈服務，一起為地球永續做好把關。

透過一連串的行動，例如自2016年起，中鼎要求所有廠商全面簽署企業經營及淨零排放承諾書，號召廠商承諾執行永續和淨零行動；2022年起，要求供應商必須揭露溫室氣體排放並訂立減排目標；2023年，籌組中鼎供應商淨零聯盟，希望透過聯盟方式相互驅策，朝淨零目標前進；2024年起，推動供應商碳管理能力建置專案，輔導及協助供應商進行溫室氣體盤查並定期提報盤查量，積極展現減碳成效。

而為鼓勵所有供應商積極響應減碳，並做出實質貢獻，中鼎以獎勵機制，增設綠色標章及金、銀、銅鼎獎等，做為優先推薦廠商的條件之一，並且會在供應商大會中公開表揚減碳表現出色的廠商，同時還建立聯絡管道，定期向聯盟成員提供永續相關資訊，例如定期發行的ESG電子報雙月刊、邀請供應商夥伴到對社會大眾開放的「鼎學網」修習永續課程等。

「中鼎將工程核心本業和永續目標結合，ESG已內化成為工作日常，成為中鼎人的DNA，」楊宗興堅定地說，「未來不僅仍將積極推動全員ESG，實踐淨零EPC，還要帶動全球供應鏈夥伴為地球永續持續貢獻心力。」

成立基金會，推動永續教育

除了全員ESG，中鼎透過各種活動深化社會各階層的永續教育。其中，中鼎教育基金會扮演了重要角色。

近年來，中鼎教育基金會與法人、民間單位合作，舉辦永續工程論壇、政府輔導及補助計畫說明會，以及環境教育等活動，希望藉此推動綠色工程、培育優秀人才，進而邁向永續經營。

舉例來說，在環境教育方面，中鼎教育基金會推出中鼎獎學金計畫、探索台灣120h、青年永續領袖營、永續生活實驗室獎、循環經濟國際會議，以及向下扎根的小小永續工程師營隊等活動。

此外，也與台灣永續能源研究基金會合作，自2022年開始，辦理首屆永續發展目標教師培力營，已連續三年舉辦，主要目的是推廣中鼎教育基金會邀集各領域專家學者撰寫出版的「永續發展目標」教育叢書，並彼此相互切磋、精進教學，加強對永續發展教育的重視。

而中鼎教育基金會多年來投入永續的成果，更獲得《聯合國氣候變遷綱要公約》（UNFCCC）認同，成為台灣第十一個NGO觀察員，獲邀至杜拜世博城參與COP28聯合國氣候變遷大會（UN Climate Change

Conference）；並獲台灣經濟部邀請，以「中鼎集團的永續與淨零之路」為題，在帛琉國家館展館舉辦的「台灣綠色經濟發展經驗」論壇演講。2024年接續獲邀，參與由亞塞拜然主辦的COP29。

成為地球永續的把關者

諸如此類的活動，不難看出中鼎在建立自身的永續基因之外，也把這份善能量向外擴散，全方位推展ESG，計畫性地培育永續工程人才，真正做到將ESG融入企業經營的核心，更為永續發展教育善盡社會責任。

展望未來，「唯有與地球和諧共處，企業才能永續地經營下去。因此，中鼎將持續以綠色工程三大面向發展核心本業，貢獻出最大的ESG價值，我們也具體做出綠色承諾，加速2030年辦公據點、2050生產與服務據點達成淨零目標，」余俊彥與楊宗興都對中鼎的永續之路深具信心。

也期許在綠色永續的使命下，中鼎朝向全方位實踐ESG的目標，努力做好「地球永續把關者」的角色，以工程專業打造可持續發展的未來，創造更大的企業價值與影響力，與地球一起永續成長。

注釋

1. 環境保護（environmental）、社會責任（social）、公司治理（governance）。
2. 原名「CSR Moment」，2022年中鼎爲實踐ESG，更名爲「ESG Moment」。
3. 2021年，金管會將「CSR報告書」更名爲「ESG永續報告書」。
4. Morgan Stanley Capital International。
5. 設計（design）、建造（build）、擁有（own）、營運（operation）。

國家圖書館出版品預行編目(CIP)資料

中鼎鋭變學：余俊彥與團隊贏得信賴的故事/傅瑋瓊著. -- 第一版. -- 臺北市：遠見天下文化出版股份有限公司, 2024.12
320面；14.8×21公分. --（財經企管；BCB857）

ISBN 978-626-417-072-7(精裝)

1.CST: 余俊彥 2.CST: 中鼎集團 3.CST: 企業經營
4.CST: 傳記

494 113017561

財經企管 BCB857

中鼎銳變學
余俊彥與團隊贏得信賴的故事

作者 — 傅瑋瓊

企劃出版部總編輯 — 李桂芬
主編 — 詹于瑤
責任編輯 — 詹于瑤、羅玳珊、李美貞（特約）
封面暨內頁設計 — 陳俊言
校對 — 魏秋綢

出版者 — 遠見天下文化出版股份有限公司
創辦人 — 高希均、王力行
遠見・天下文化 事業群榮譽董事長 — 高希均
遠見・天下文化 事業群董事長 — 王力行
天下文化社長 — 王力行
天下文化總經理 — 鄧瑋羚
國際事務開發部兼版權中心總監 — 潘欣
法律顧問 — 理律法律事務所陳長文律師
著作權顧問 — 魏啟翔律師
社址 — 臺北市 104 松江路 93 巷 1 號
讀者服務專線 — 02-2662-0012 | 傳真 — 02-2662-0007；2662-0009
電子郵件信箱 — cwpc@cwgv.com.tw
直接郵撥帳號 — 1326703-6 號　遠見天下文化出版股份有限公司

內文排版 — 立全電腦印前排版有限公司
製版廠 — 東豪印刷事業有限公司
印刷廠 — 家佑實業股份有限公司
裝訂廠 — 聿成裝訂股份有限公司
登記證 — 局版台業字第 2517 號
出版日期 — 2024 年 12 月 11 日　第一版第 1 次印行

定價 — 550 元
ISBN — 978-626-417-072-7 | EISBN —9786264170598 (EPUB)；9786264170604 (PDF)
書號 — BCB857
天下文化官網 — bookzone.cwgv.com.tw

本書如有缺頁、破損、裝訂錯誤，請寄回本公司調換。
本書僅代表作者言論，不代表本社立場。

天下文化
BELIEVE IN READING